川路ゆみこのベビーニット

Yumiko Kawaji

给孩子的小毛衣

（0~2岁）

[日] 川路祐三子◇著　王　岩◇译

煤炭工业出版社

·北　京·

我主持编撰婴儿针织图书也有 18 年之久。

如今那些小模特们早已长大成人，

但是他们穿上我设计的编织物的情景还历历在目、恍如昨日。

通过编织，将浓浓母爱传至于婴儿，

是我自始至终不变的信仰。

即使无法完美出色地完成，

也不必苛责自己。

爱意满满的针织小物，

比昂贵的洋装更显可爱。

本书汇集了以往广受好评的针织小物，

从婴儿刚出生到 2 岁的衣物应有尽有，

而且作品件数也增加了不少。

本书所用编织线可以换成其他线，

细节也可以稍作变更。

钩针作品多使用长针编织，棒针作品多使用上下针编织，

因此初学者也可以轻松上手。

我衷心希望您能尽情享受用钩针编织的幸福美好时光！

川路祐三子

Contents
目录

棒针编织的长款背心
* 尺寸 50 ~ 70cm
* 插图 P14
* 编织方法 P48

前系扣长款背心
* 尺寸 50 ~ 70cm
* 插图 P14
* 编织方法 P58

钩针编织的背心套装
* 尺寸 50 ~ 70cm
* 插图 P15
* 编织方法 P38 ~ 41

糖果色花饰的背心、帽子
* 尺寸 80cm
* 插图 P16
* 编织方法 P60

小花刺绣的背心、帽子
* 尺寸 80cm
* 插图 P17
* 编织方法 P62

心形花样的短款上衣、帽子
* 尺寸 80cm
* 插图 P18
* 编织方法 P64

圆形花样的无扣短款上衣、帽子
* 尺寸 80cm
* 插图 P19
* 编织方法 P66、91

小白熊斗篷
* 尺寸 50 ~ 80cm
* 插图 P20
* 编织方法 P68

钩针编织的褐色小熊斗篷
* 尺寸 50 ~ 80cm
* 插图 P21
* 编织方法 P45、70

带花饰的背心、帽子
* 尺寸 80cm
* 插图 P22
* 编织方法 P72

连帽拉链款背心
* 尺寸 80cm
* 插图 P23
* 编织方法 P73

水手裙套装
* 尺寸 80cm
* 插图 P24
* 编织方法 P74

开衫水手服套装
* 尺寸 80cm
* 插图 P25
* 编织方法 P76、93

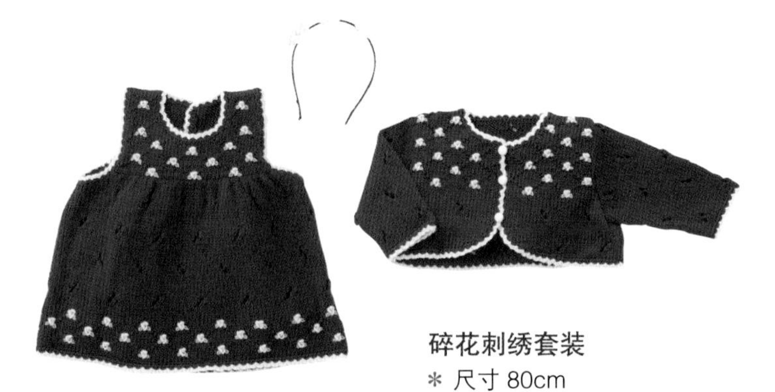

碎花刺绣套装
* 尺寸 80cm
* 插图 P26
* 编织方法 P78

蝴蝶结连衣裙
* 尺寸 80cm
* 插图 P27
* 编织方法 P80、93

方格款开衫、帽子
* 尺寸 80cm
* 插图 P28
* 编织方法 P82、87

网眼款连衣裙、手提包
* 尺寸 80cm
* 插图 P29
* 编织方法 P84 ~ 86

淑女裙外套、帽子

＊ 尺寸 80cm

＊ 插图 P30

＊ 编织方法 P88

小熊嵌饰开衫

＊ 尺寸 80cm

＊ 插图 P31

＊ 编织方法 P90

小绵羊斗篷、帽子

＊ 尺寸 80cm

＊ 插图 P32

＊ 编织方法 P92

小魔女披风、帽子

＊ 尺寸 80cm

＊ 插图 P33

＊ 编织方法 P94

小熊连体服

＊ 尺寸 80cm

＊ 插图 P34

＊ 编织方法 P96

小兔连体服

＊ 尺寸 80cm

＊ 插图 P35

＊ 编织方法 P97

小熊款两用婴儿包被、小熊玩偶

＊ 尺寸 50 ~ 80cm

＊ 插图 P36

＊ 编织方法 P98 ~ 101

钩针编织的婴儿服、帽子

1 帽子 2 婴儿服 50 ~ 70cm ＊ 编织方法 P42、44

此款为婴儿出席活动或参加庆典时穿着的羊毛婴儿服。
复古风的荷叶边肩饰十分可爱，为男婴编织时可省略掉花饰。

适合在特殊日子里穿的
华丽婴儿服！

有机棉婴儿服、帽子

3 帽子　4 婴儿服　50 ~ 70cm ＊ 编织方法 P46、48

此款婴儿服使用触感极佳的有机棉棒针移圈镂空编织而成，简单大方。

衣领使用细线钩织而成，配以两种花朵装饰更显可爱。

采用有机棉移圈镂空编织而成，
设计精美！

两穿婴儿服、帽子、小毯子

5 小毯子 6 帽子 7 两穿婴儿服 50 ~ 80cm ＊ 编织方法 P50、52

上下装拆开来可变化为婴儿服，所以宝宝学步时也可穿着。
同款小毯子编织好花饰、加以花边即可，简单又漂亮。

婴儿服可变身为开衫和斗篷！

婴儿服的上装可变为漂亮的小开衫。

婴儿服的裙装可变为
轻便的小斗篷。

雏菊花样的小毯子

＊ 编织方法 P54

软线编织的拼接风小毯子，可以用作婴儿的包被和披肩。
雏菊花饰象征着需要被细心呵护的小宝宝。

小熊花样的小毯子

＊ 编织方法 P56

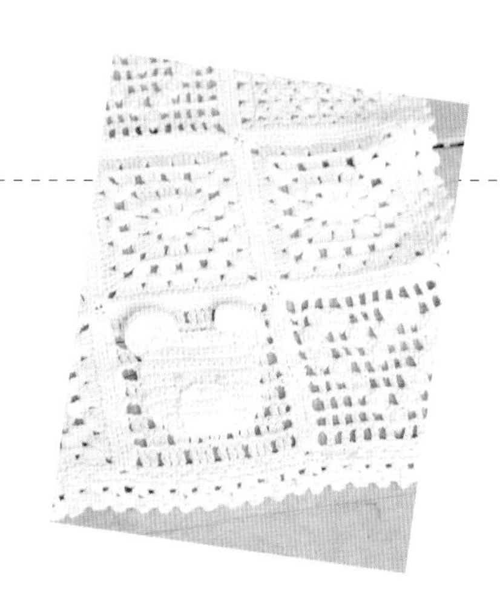

这是一款带有糖果色钩织饰样的棉线小毯子。

小熊头像使用短针编织而成，缝在正方形饰样上即可。

竖着耳朵的小熊头像十分可爱，

大受好评！

棒针编织的长款背心

10

50 ~ 70cm * 编织方法 P48

前系扣长款背心

11

50 ~ 70cm * 编织方法 P58

用毛线编织的披肩式镂空背心，下摆较为宽松。

用棉线编织的背心十分柔软，其身片使用棒针、裙摆部分使用钩针编织而成。束腰穿着也很棒。

连小屁股也能盖住的毛线和棉线背心！

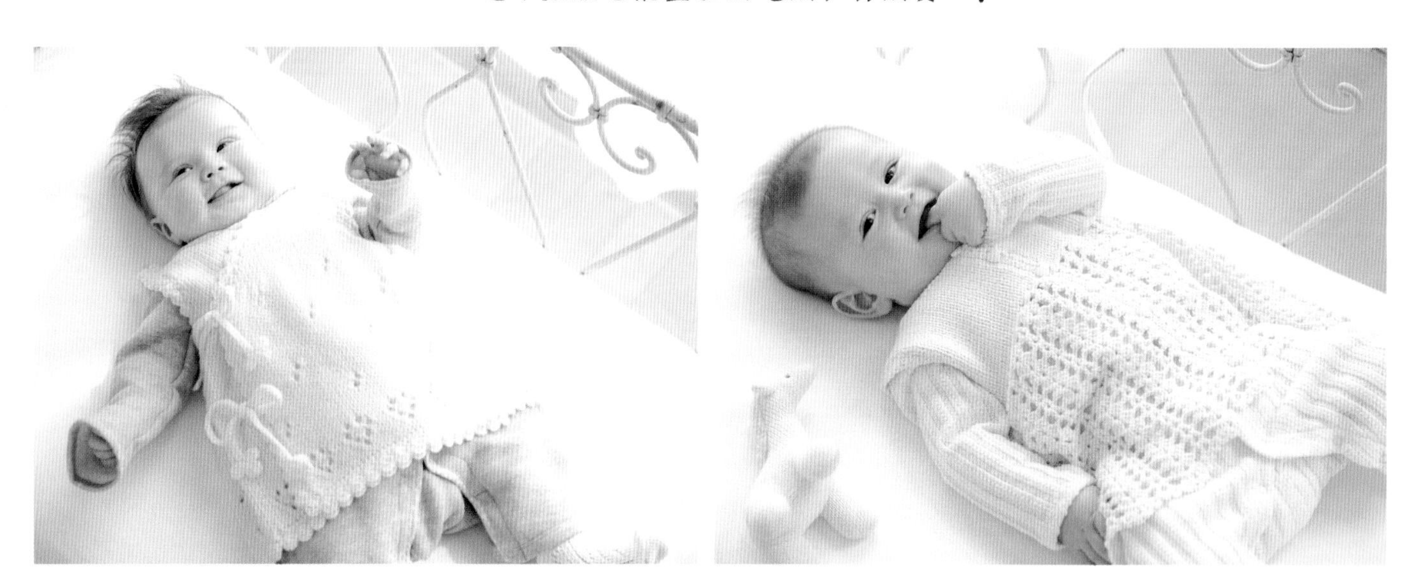

这是一款可爱的圆边开衫小背心，加上成套的帽子和鞋，自用和当作礼物都很合适。
背心的编织方法请参照 P38 ~ 41 的步骤。

缝上花饰，
更显可爱！

糖果色花饰的背心、帽子

15 帽子 16 背心 80cm ＊ 编织方法 P60

多彩的花饰好似甜美的糖果。
加上同款郁金香型的帽子，十分可爱。

A字款背心和后系扣设计是神来之笔！

小花刺绣的背心、帽子

17 帽子 18 背心 80cm ＊ 编织方法 P62

方格花样的背心前身和帽子上点缀一些漂亮的小花。
将小花的颜色换成蓝色和黄色，男婴穿着也非常合适。

身上满是小花，
是否如同置身花海？

心形花样的短款上衣、帽子

19 帽子 20 短款上衣　80cm ＊ 编织方法 P64

雅致的米色，男婴女婴都适合。

看似普通的款式装饰上心形花样就变得十分出彩。

圆形花样的无扣短款上衣、帽子

21 帽子 22 无扣短款上衣 80cm ＊ 编织方法 P66、91

可爱之处在于双色圆形花样的运用。
选用自然色，男孩女孩都可以穿着。

小白熊斗篷 23

50 ~ 80cm ＊ 编织方法 P68

使用绒线和马海毛进行双股编织，就连最普通的设计也会大放异彩。

双重荷叶边花样十分上档次，犹如出自高档品牌一般。

在手感绵软的带帽斗篷上编织两只小耳朵，

立即变身为萌萌的小白熊！

钩针编织的褐色小熊斗篷 24

50 ~ 80cm ＊ 编织方法 P45、70

长针打底的小熊斗篷备受欢迎。使用双排扣大衣常用的棒形纽扣设计更添一份时尚感。
帽深较深，为宝宝的面部提供更好的呵护。

棒形纽扣为亮点，
时尚感满分！

带花饰的背心、帽子 25 帽子 26 背心 80cm ＊ 编织方法 P72

上下针编织的条纹帽子和背心简单清爽，帽檐和背心上的花饰是点睛之笔。
肩部的系带设计会随着步伐节奏摆动，让宝宝更显灵动可爱。

简单的背心因花饰增色不少，
又萌又可爱！

连帽拉链款背心 27

80cm ＊ 编织方法 P73

这是一款色彩搭配十分巧妙的连帽拉链款背心，尤其适合活泼的宝宝。

使用上下针和罗纹针就可轻松编织，缝制上口袋即大功告成。

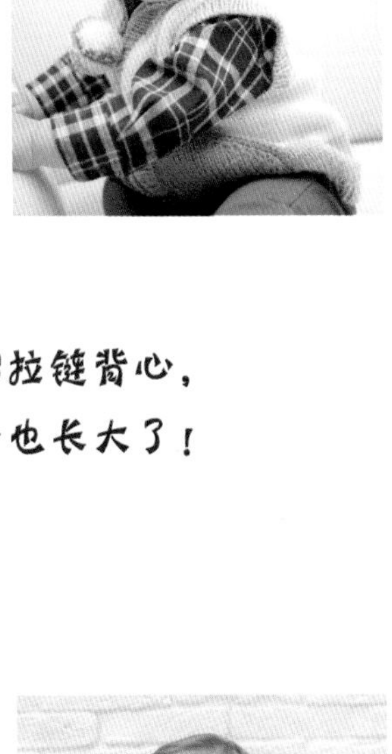

活力四射的连帽拉链背心，
穿上它，宝宝似乎也长大了！

水手裙套装 28 帽子 29 连衣裙 30 短裤 80cm * 编织方法 P74

清新的蓝白棉质连衣裙，水手领为点睛之笔。
镂空编织的裙摆部分呈现出蓬蓬感觉。

水手裙，今夏小美女的
出行首选！

开衫水手服套装

31 帽子 32 开衫 33 五分裤　80cm * 编织方法 P76、93

正装款滚边开衫和短裤。

为了看起来不那么松弛，可编织得稍微紧实一点。这样一来针目会显得平整美观。帽子同女款。

在短款开衫的胸部和背心裙的下摆部分织蜂窝花样碎花。
白色边饰十分雅致，适合出席宴会时穿着。

碎花刺绣套装也可以分开穿着！

蝴蝶结连衣裙 37

80cm ＊ 编织方法 P80、93

将腰部的蝴蝶结缝在背后也会异常漂亮。

采用粗一点的钩针快编而成，宝宝长高裙子变短，还可延长裙摆和袖口，让可爱的裙子继续穿在宝宝身上。

方格款开衫、帽子 38 帽子 39 开衫 80cm ＊ 编织方法 P82、87

粉色双重荷叶边开衫低调奢华，充满浪漫气息，穿上俨然一副小大人模样。

通过荷叶边和缎带装饰，
立显可爱少女风！

网眼款连衣裙、手提包 40 连衣裙 41 手提包 80cm * 编织方法 P84 ~ 86

可爱款粉色花饰连衣裙。

网眼编织的花饰简单易学，搭配成套的手提包出游吧！

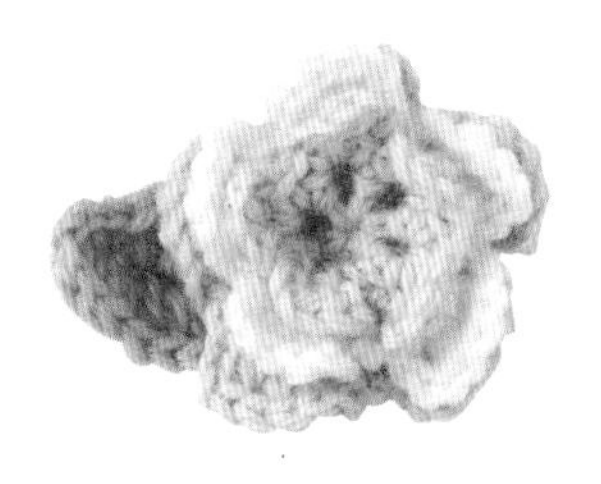

红色连衣裙加上粉色花饰，
更显宝宝华美迷人。

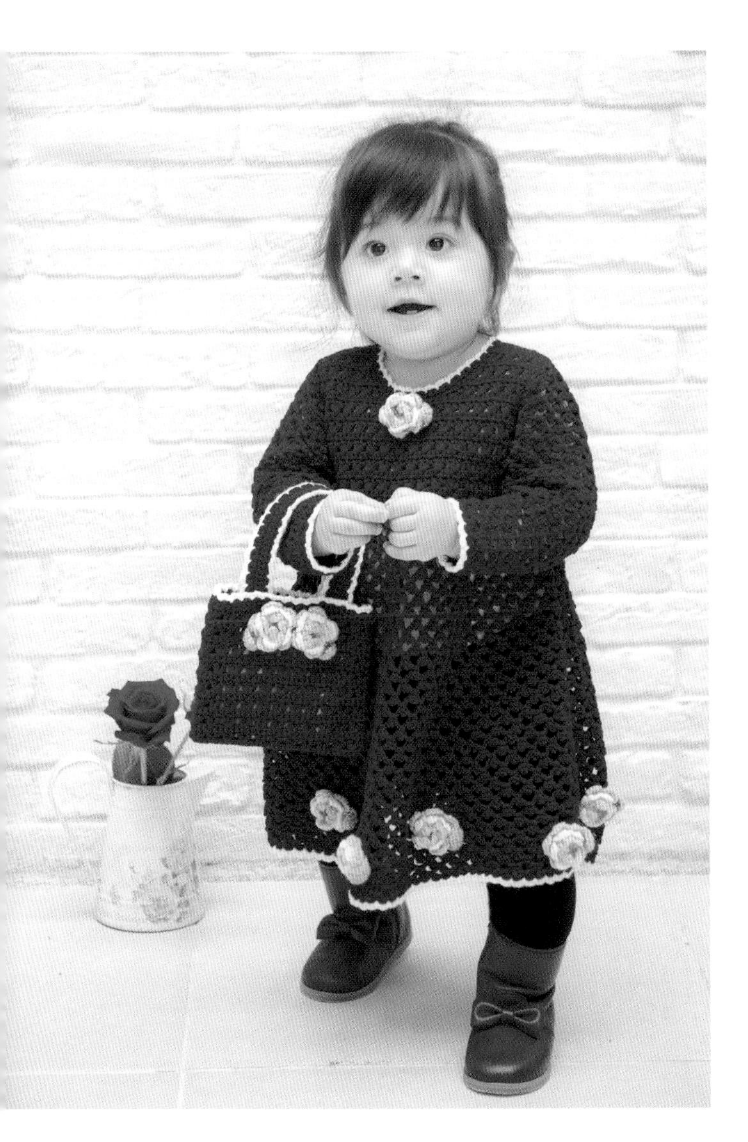

淑女裙外套、帽子

下摆宽松的裙式外套在衣领和裙角处装饰上花朵，十分可爱。

戴上成套的帽子，更显淑女风范！

花饰款白色外套

梦幻华美！

小熊嵌饰开衫 44

80cm * 编织方法 P90

时髦的法式色彩通过变换搭配可演绎出不同的款式。
后背处的小白熊是最瞩目的焦点。

后背处的小白熊嵌饰是
宝宝的最爱！

小绵羊斗篷、帽子

45 帽子　46 斗篷　80cm * 编织方法 P92

以轻柔保暖的卷绒毛线编织而成的斗篷，手感柔软、穿着舒适。
配以成套的帽子足以抵御凛冽的寒风。

穿上蓬松柔软的斗篷好似一只小绵羊，
保暖一流！

小魔女披风、帽子

47 帽子 48 披风 80cm ＊ 编织方法 P94

帽子只需编织成长方形缝合起来，无需接缝、订缝，编织起来十分省事。
与披风搭配，时尚感倍增！

穿上同色系滚边披风与帽子
宝宝好似一个小魔女。

小熊连体服

49

80cm ＊ 编织方法 P96

让宝宝变身为可爱小熊和小兔的连体服，不论何种动作都能伸展自如，连背影也十分可爱。
使用卷绒毛线编织而成，上下针编织的针目不齐整也没关系。

小兔连体服 50

80cm ＊ 编织方法 P97

只需变换卷绒毛线的颜色和耳朵的形状，
就可以编织出小熊和小兔两款连体服！

中性色彩，男孩女孩都可穿着，广受欢迎的小熊包被（外套）。
同款的小熊玩偶会不会成为宝宝人生中的第一位朋友呢?

可以用作新生儿的包被，待宝宝长大一些后可以当作外套使用！

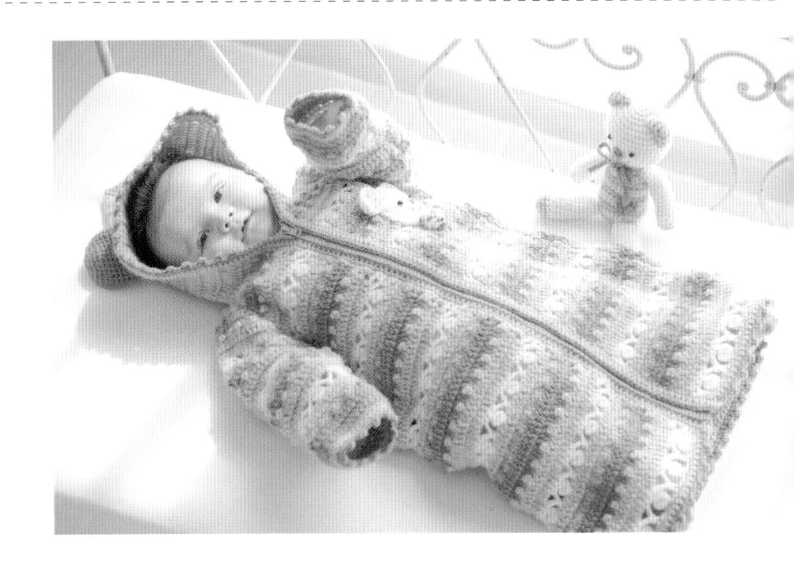

12、13、14 钩针编织的背心套装 P15

○帽子、婴儿鞋的编织方法请参照 P41。

●材料

线：HAMANAKA Paume 无垢棉婴儿用（粗线）纯色棉线（Ⅱ）100g（帽子用 60g、婴儿鞋用 40g）

纽扣：13mm 圆形纽扣 5 个（背心用 3 个、婴儿鞋用 2 个）

针：5/0 号钩针

●针数

花样编织 20 针 9 行，婴儿鞋短针编织 22 针 24 行（各 10cm²）

［花样编织实物大小］

（花样编织）

→6
←5
→4
←3
→2
←1行

2行1个花样

3针1个花样

✻ 起针方法

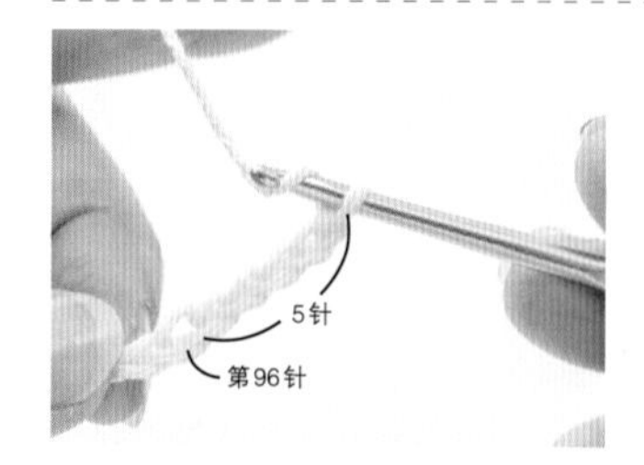

1 前后身片一气呵成。起 96 针锁针，在最右端 1 针上锁 5 针。针上挂线，挑住第 96 针锁针上侧的线，使用长针织入。

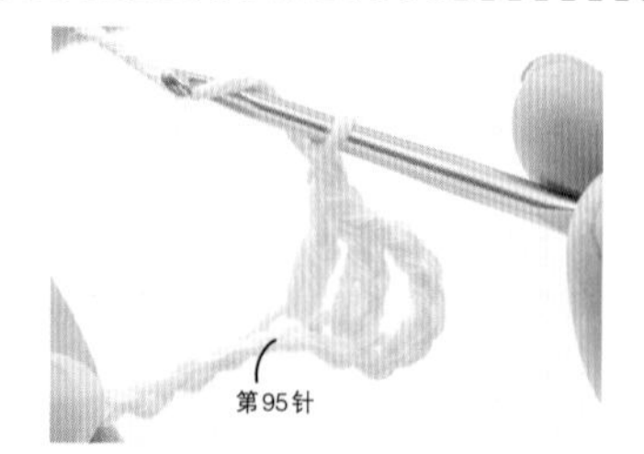

2 编织第 1 行的花样。长针 1 针，编入起针锁针的第 95 针处，接着锁 1 针、同第 1 针一样长针织入锁针中。

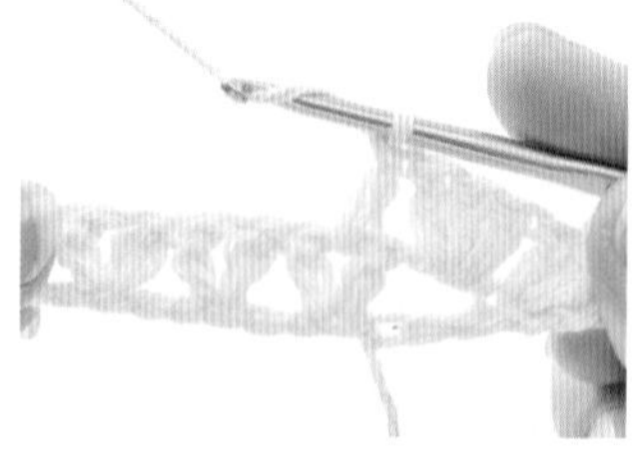

3 第 2 行的花样依照第 1 行花样的长针和长针织入锁针的步骤进行。

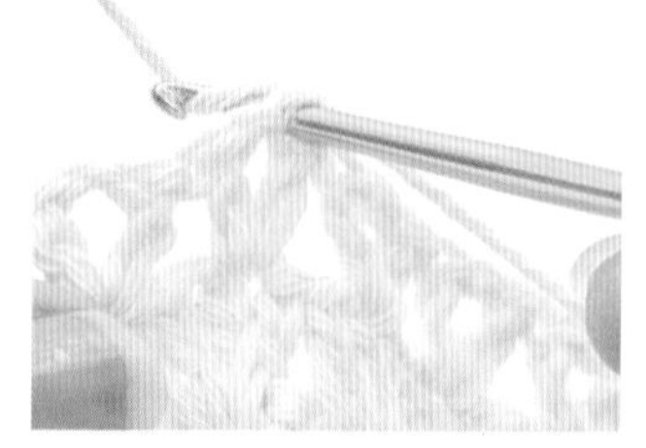

4 从腋下顶端到肩部为左右前身，与后身区别编织。首先编织接有棉线的左前身，剩余部分参考编织物的里侧，在针目顶端入针挂线。

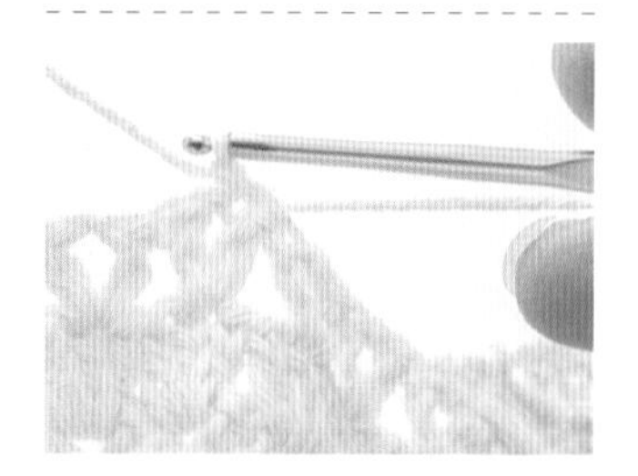

5 引拔后编织袖笼处的弯曲部分。

✻ 卷针订缝肩部

1 在编织好的前后身肩部的一侧留出 30cm 左右的线用于订缝。毛线中穿入手缝针，使肩部正面相对（里侧为表）合拢。手缝针穿过最边上的 2 条锁针针目，从留有线的一侧向另一侧订缝。

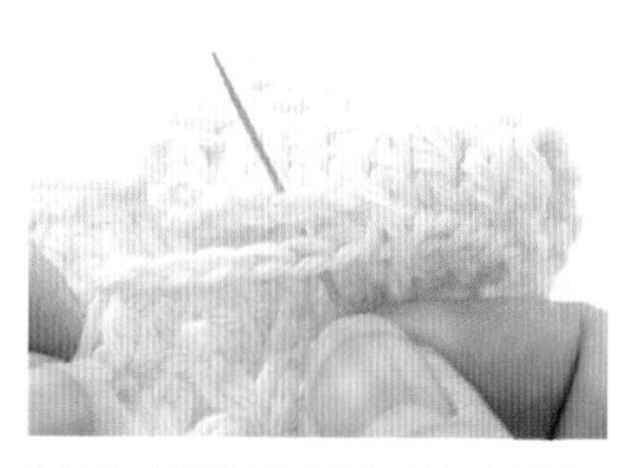

2 手缝针穿过前后肩的针目回针，反复进行，卷针订缝好针目。

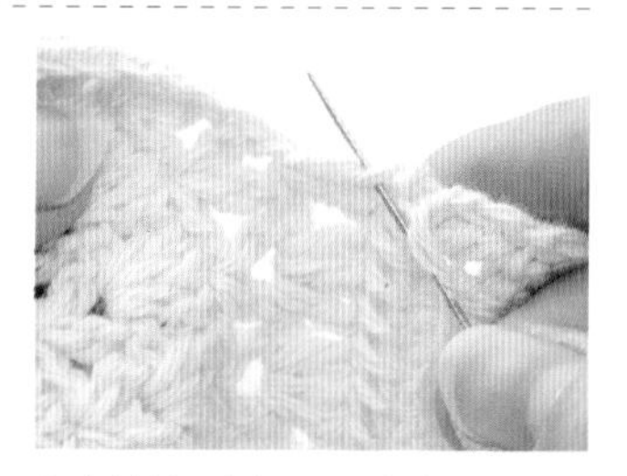

3 在袖笼一侧 4 ~ 5 行的针目处断线，订缝完毕。

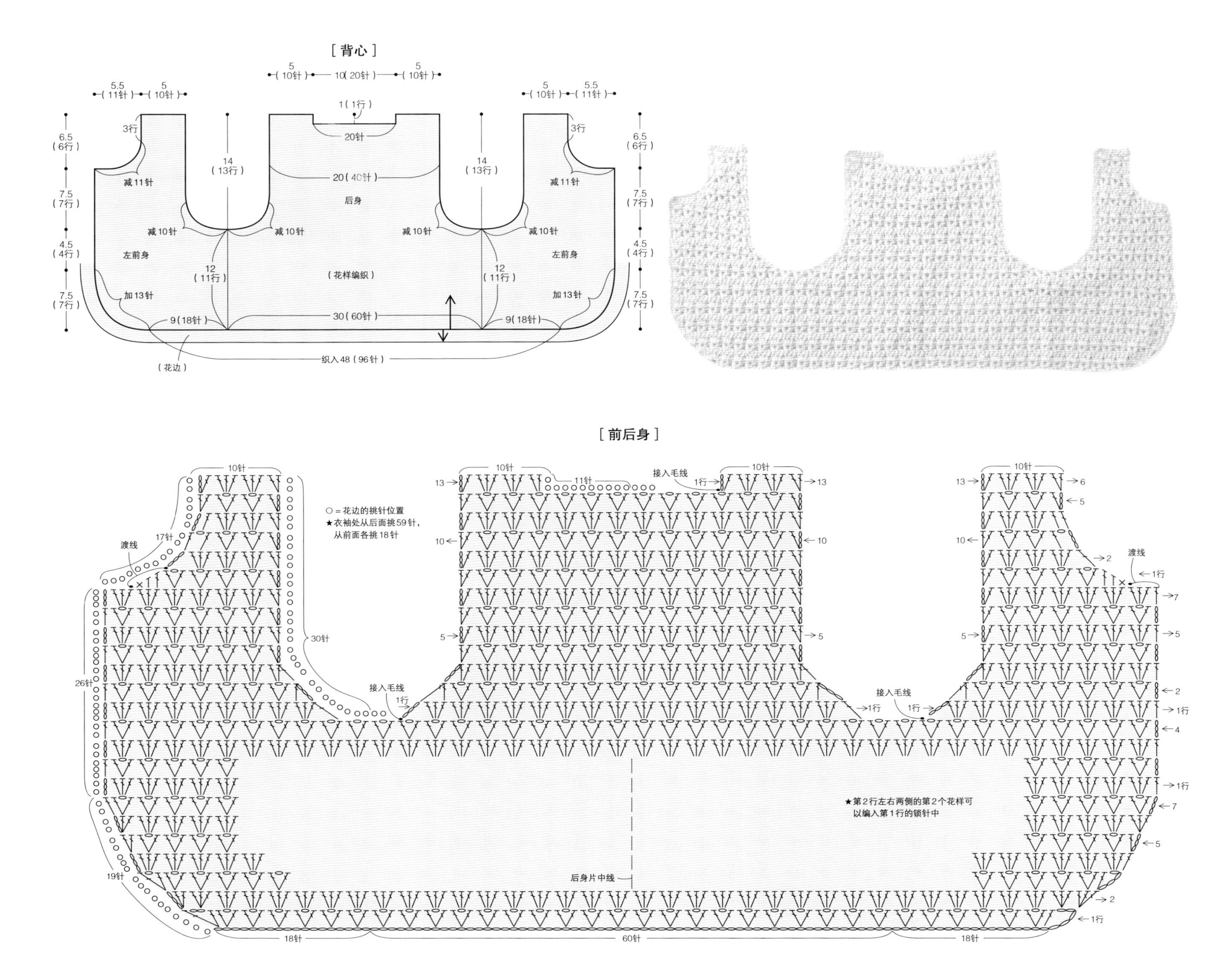
[背心]
5 (10针)
10 (20针)
5.5 (11针)
1 (1行)
20针
3行
6.5 (6行)
14 (13行)
20 (40针)
后身
减11针
7.5 (7行)
减10针
4.5 (4行)
左前身
12 (11行)
(花样编织)
加13针
9 (18针)
30 (60针)
(花边)
织入48 (96针)
[前后身]
10针
11针
接入毛线
1行
13
6
5
○ = 花边的挑针位置
★衣袖处从后面挑59针，从前面各挑18针
17针
渡线
10
2
7
30针
26针
4
★第2行左右两侧的第2个花样可以编入第1行的锁针中
19针
后身片中线
18针
60针

✻ 花边

1 手持编织好的背心下摆，在右腋处接入毛线，短针编织第 1 行花边。

2 挑针位置参照 P39，下摆从花样之间的锁针起针处每 2 ~ 3 针挑 1 针，衣领和袖笼等处进行挑针编织。

3 第 2 行从短针处锁 3 针，接着长针 2 针挑入 1 中编织好的短针中。

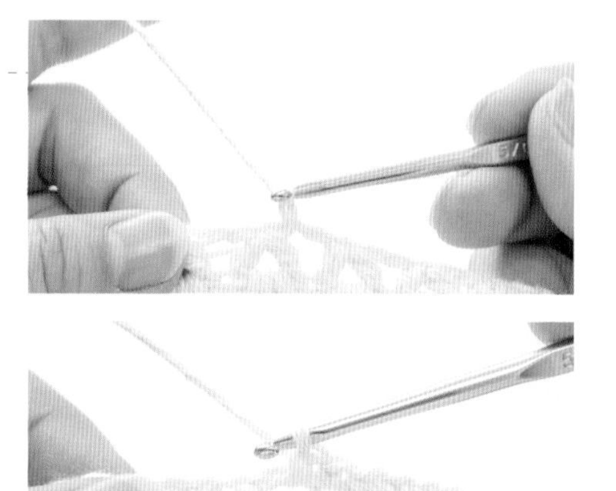

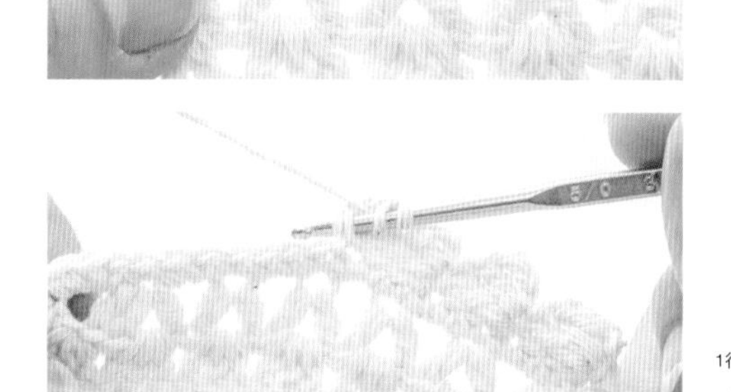

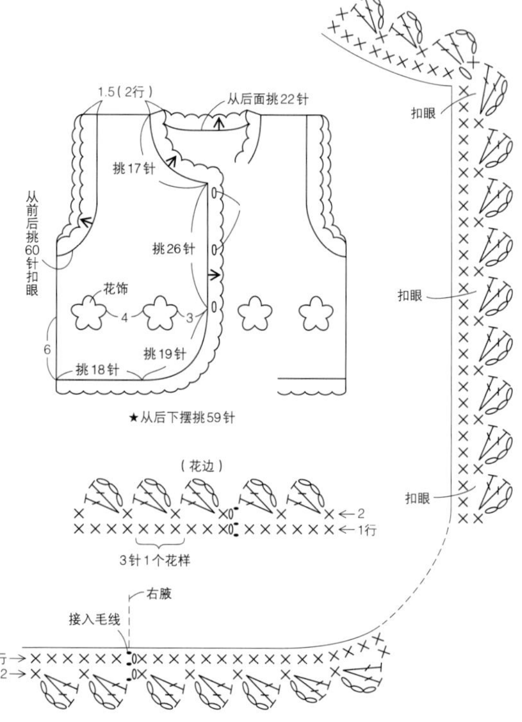

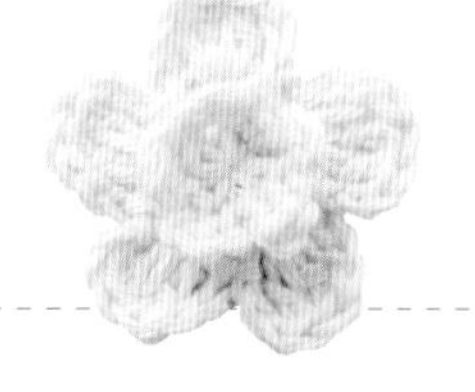

✻ 缝上花饰即可

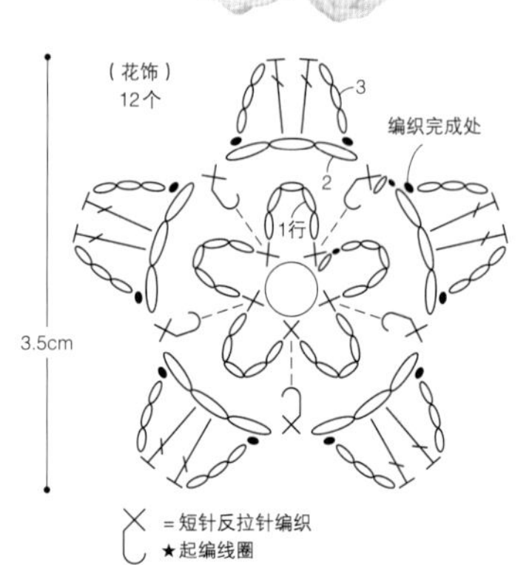

1 将线头绕食指缠 2 圈，将钩针挑入线圈引拔，短针起编。

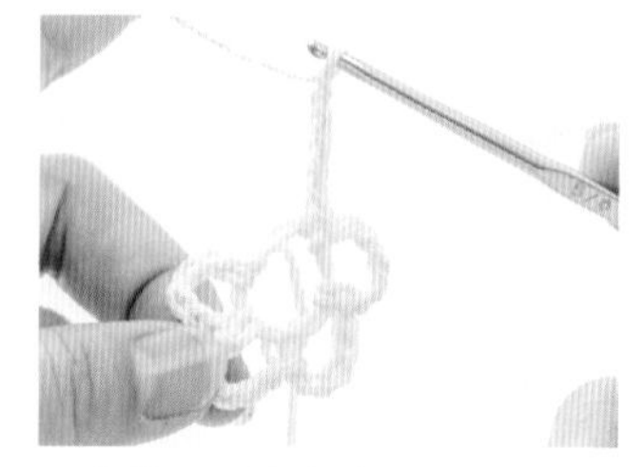

2 在第 1 层的末端锁 5 针，引拔结束之前勒紧起编线圈。

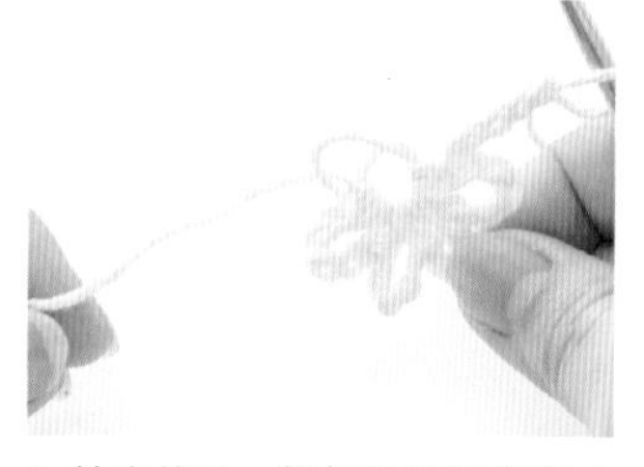

3 抽出线头，慢慢勒紧逐渐变小的起编线圈中的线头，接着再抽出并勒紧另一条线圈中的线头。

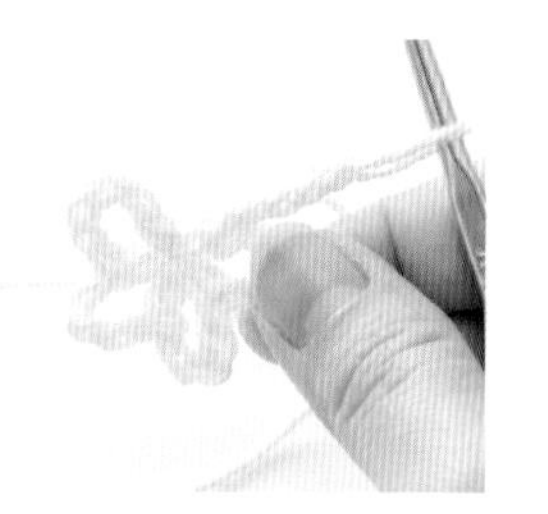

4 抽出线头，起编线圈变小，将休针的 5 针锁针引拔进起针立起的锁针中。

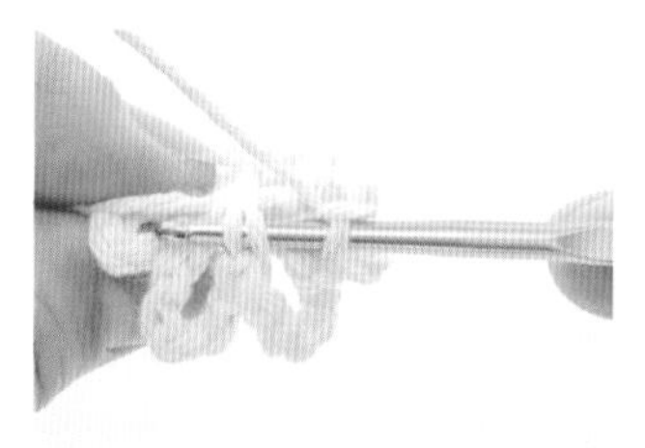

5 第 2 层短针的反拉针从里边在第 1 层的短针上锁半针（锁针可以使表面的毛线显得齐整），接着锁 3 针。锁针编织第 3 层就会呈现出立体花饰。

6 使用双重锁针将花饰缝在背心上：首先将花饰放在背心上，然后穿入手缝针，将花饰缝于背心。

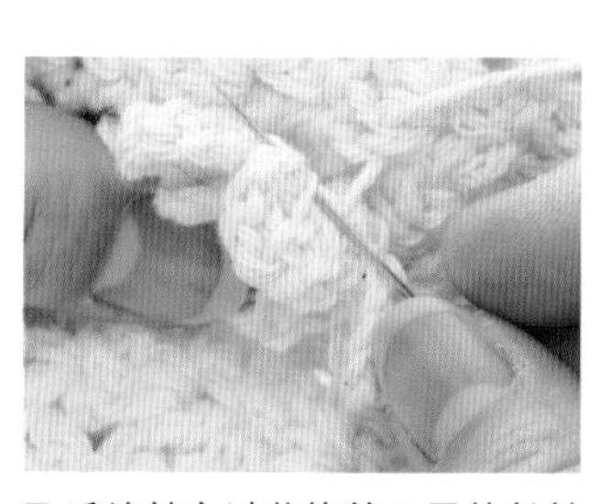

7 手缝针穿过花饰第 3 层的长针里侧位置将其缝在背心，这样花瓣会显得更立体、栩栩如生。

12、14 钩针编织的背心套装中的帽子、鞋 P15

●编织方法

[帽子]

1 和背心一样，用花样编织帽顶部分。

2 起针后即挑针编织帽檐和花边，减针编织并缝接帽顶。

3 在帽顶与帽檐结合处缝一圈（共6个）花饰。

[婴儿鞋]

1 使用短针从椭圆鞋底起针，接着编织鞋侧与脚踝一侧。

2 从鞋侧脚尖中间处开始编织脚背，缝接于鞋侧。将上侧翻折，穿入鞋带。

3 缝上花饰与纽扣。

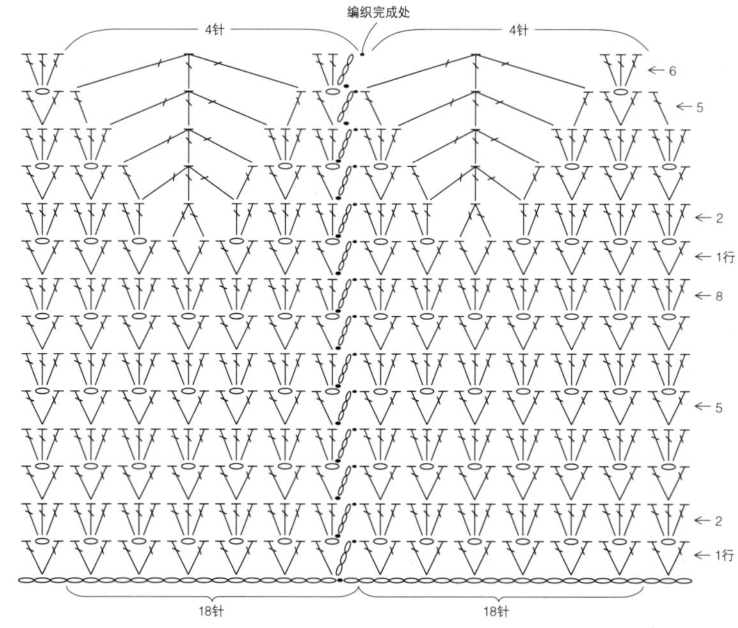

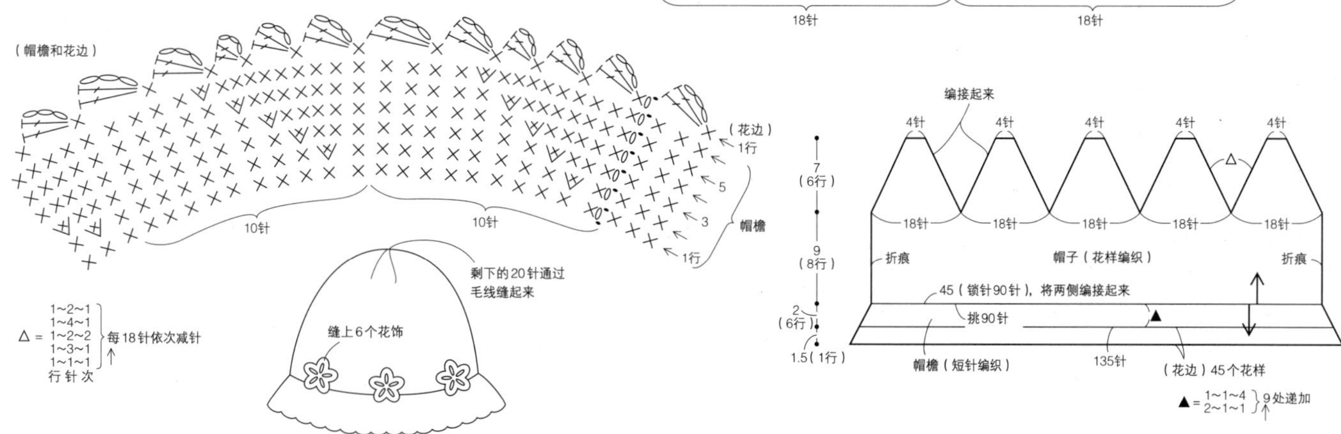

[婴儿鞋]

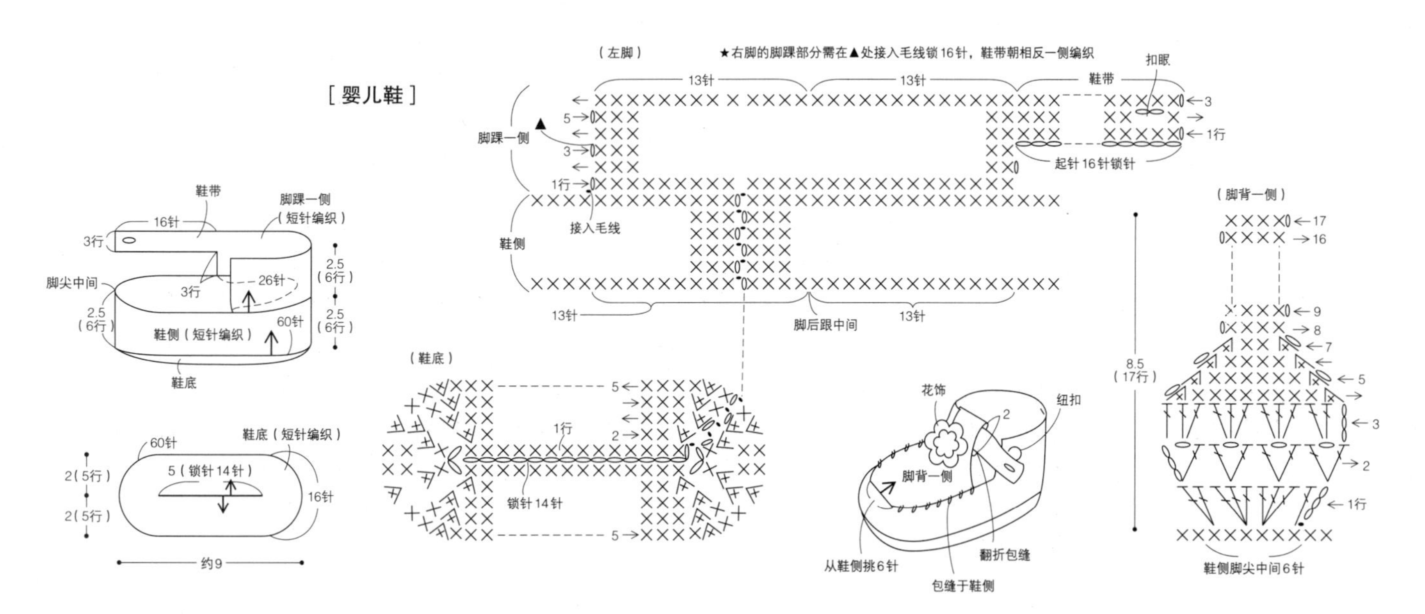

○衣领、衣袖、花饰、帽子的编织方法请参照P44。

●材料

线：HAMANAKA Cupid（中细线）纯色毛线（6）380g

纽扣：白色的罗纹缝线80cm

配件：10mm宽的心形配件共10个

针：3/0号钩针

●针数

花样编织A 30针11行，花样编织B 27针12行，各编织10cm²

●编织方法

取单股毛线，使用3/0号钩针进行编织。

［婴儿服］

1 使用花样A从前后身的下摆处进行编织。

2 从身片的上侧挑针，使用花样B编织育克*。第1行按照起针5针、2针短针的比例进行挑针，为了不松垮，需编织得紧凑一些。

3 使用同育克一样的花样编织衣袖。将衣袖下面接缝起来，在袖口处编织花样D。

4 订缝肩部、接缝腋下，在衣领和下摆处进行花样编织，在前侧编织花边。

5 编织2条饰带，从起针锁针中挑针将其接缝到育克上。

6 编织花饰，在左右前身片和后身片的花样A和C的连接处各缝饰5个和9个。

*育克：连接前后身片与肩合缝的部件。

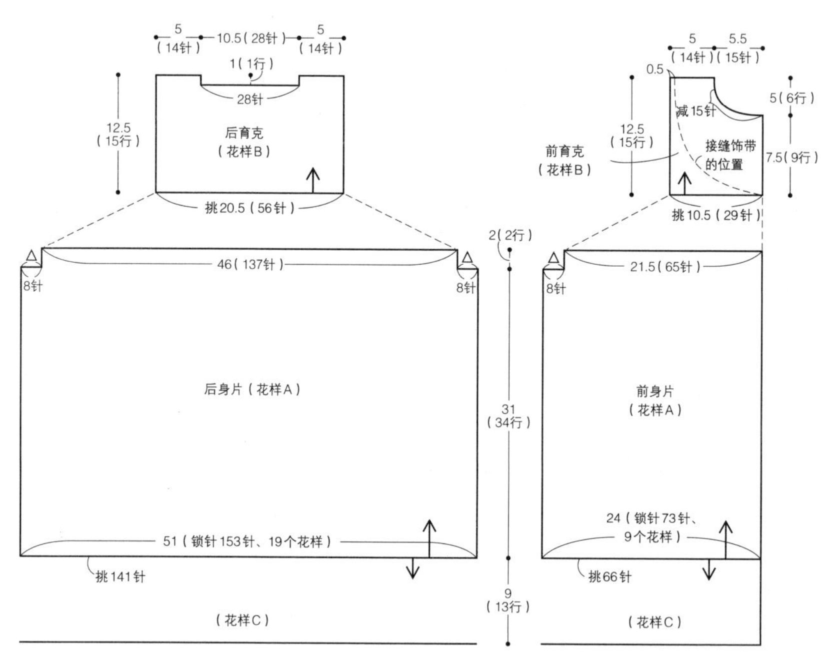

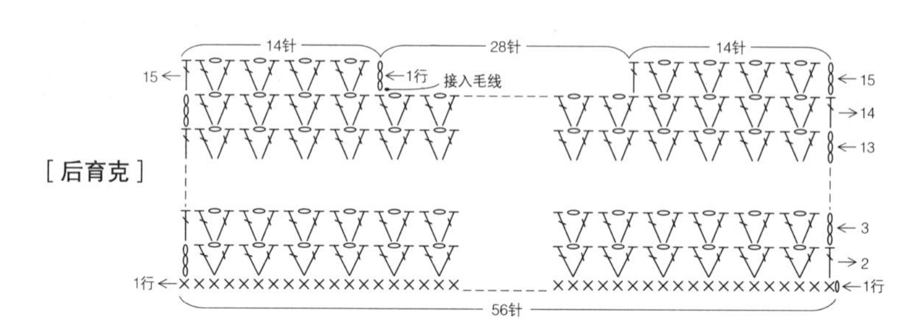

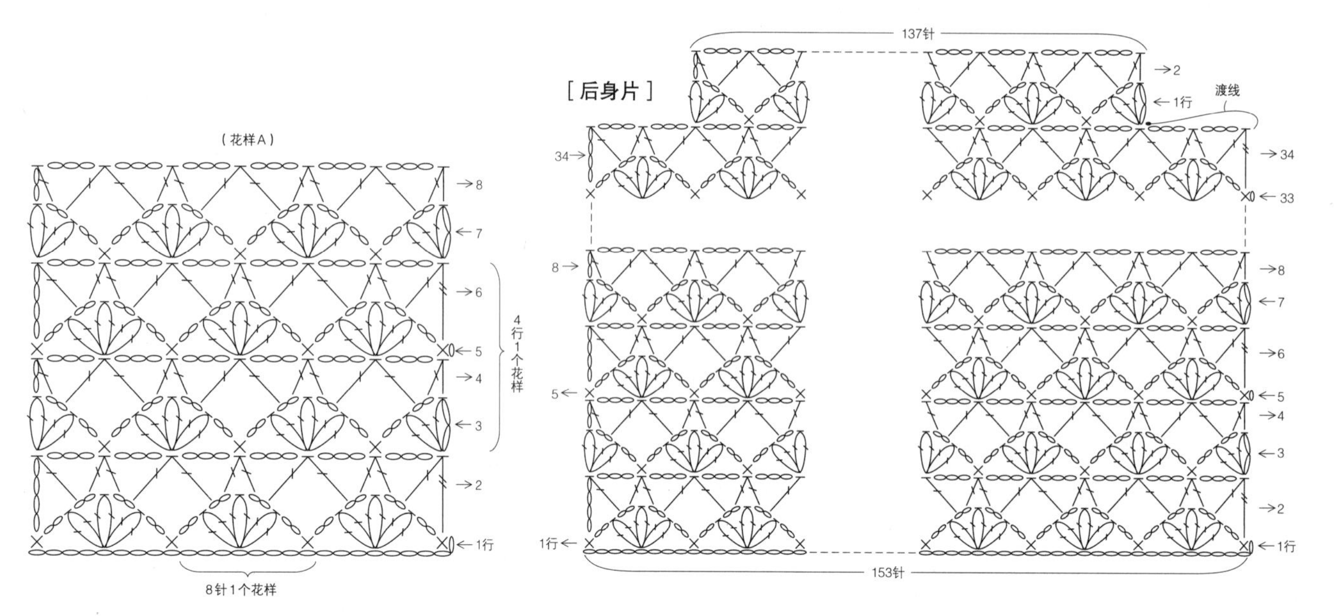

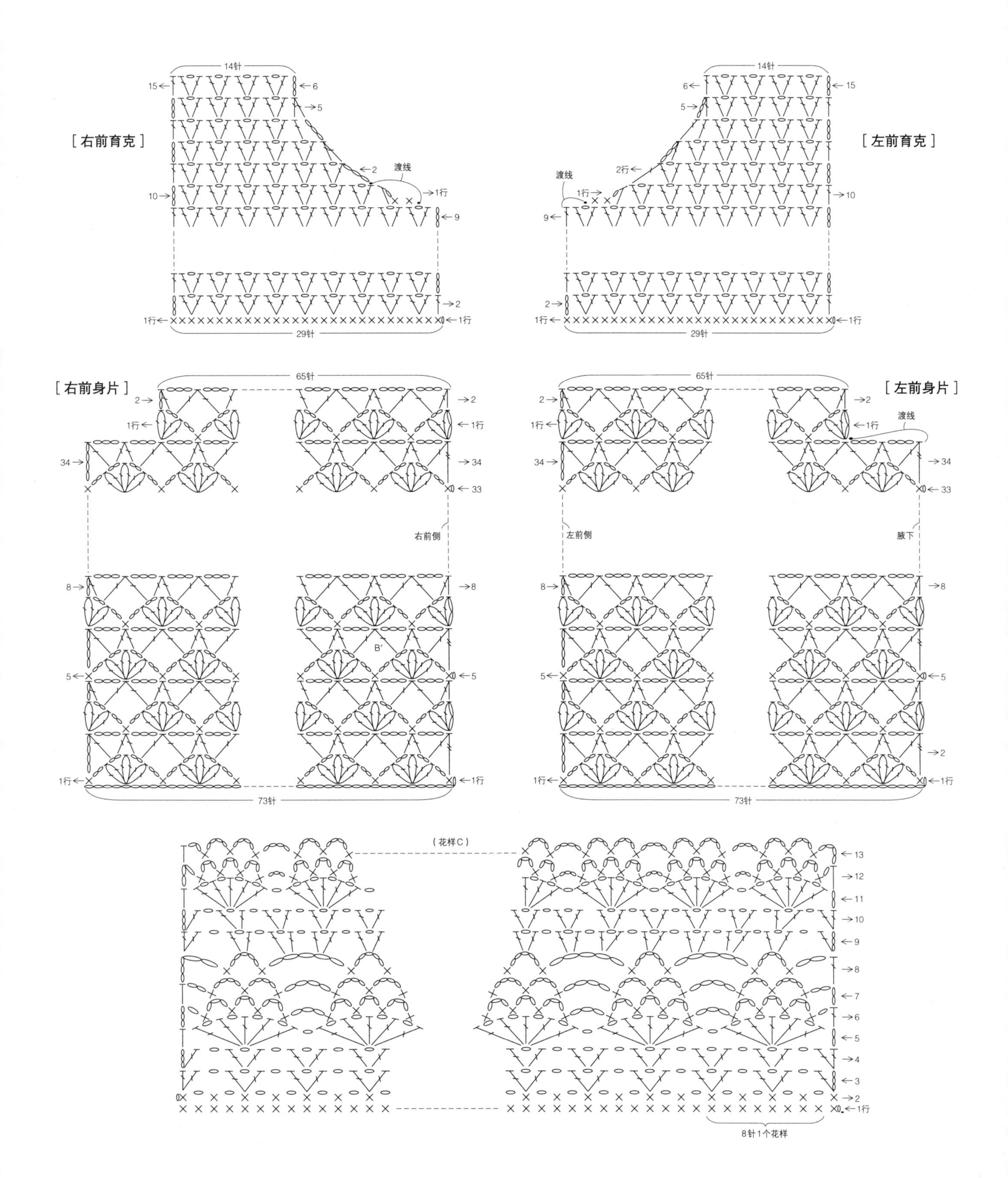

[右前育克]
14针
15
6
5
2
渡线
1行
10
9
2
1行
1行
29针
[左前育克]
14针
6
15
5
2行
渡线
1行
10
9
2
1行
1行
29针
[右前身片]
65针
2
1行
34
33
右前侧
8
B′
5
1行
73针
[左前身片]
65针
2
1行
渡线
34
33
左前侧
腋下
8
5
2
1行
73针
(花样C)
13
12
11
10
9
8
7
6
5
4
3
2
1行
8针1个花样

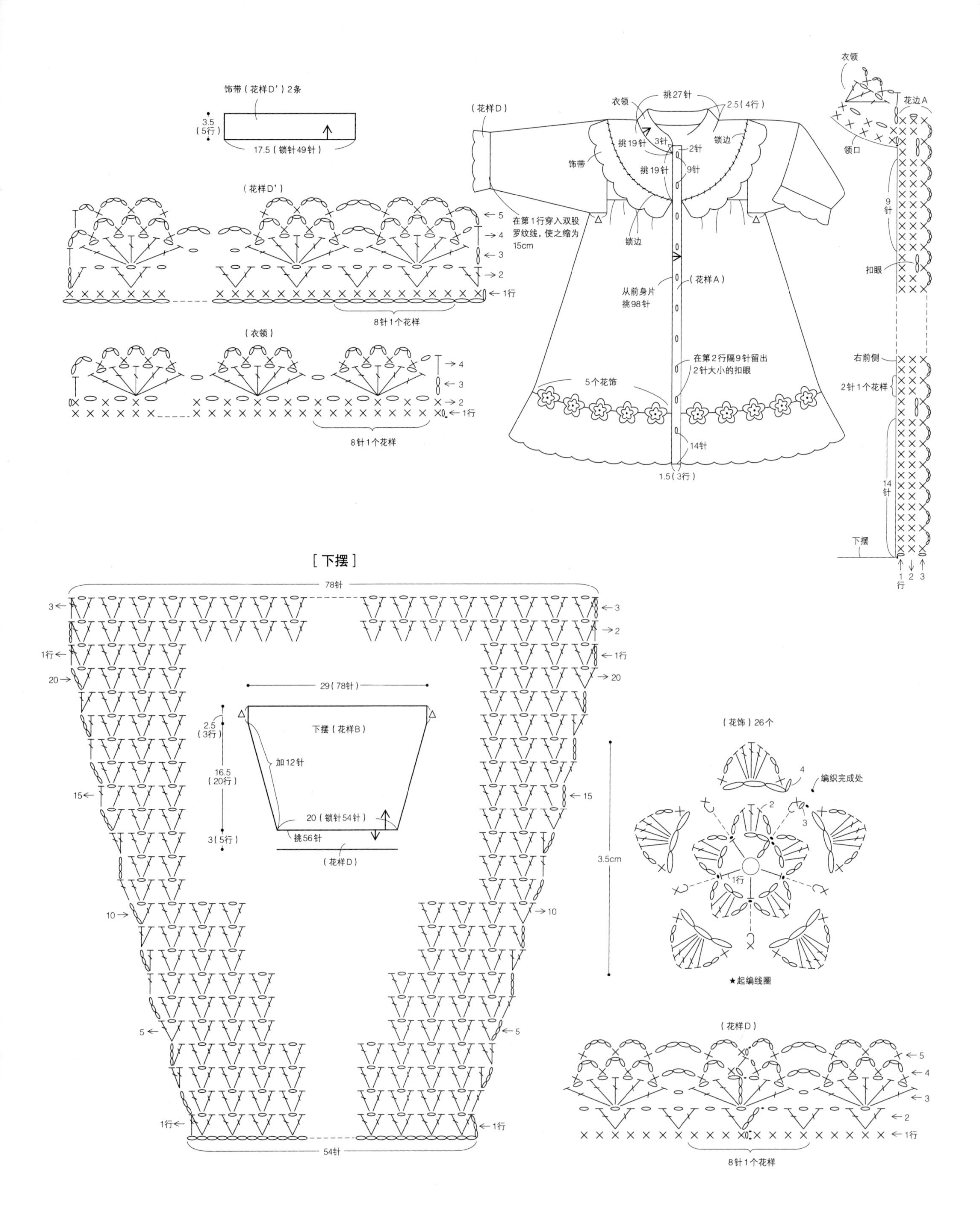
饰带（花样D'）2条
3.5（5行）
17.5（锁针49针）
（花样D'）
8针1个花样
（衣领）
8针1个花样
（花样D）
衣领
挑27针
2.5（4行）
挑19针
3针
2针
锁边
饰带
挑19针
9针
在第1行穿入双股罗纹线，使之缩为15cm
锁边
从前身片挑98针
（花样A）
在第2行隔9针留出2针大小的扣眼
5个花饰
14针
1.5（3行）
衣领
花边A
领口
9针
扣眼
右前侧
2针1个花样
14针
下摆
[下摆]
78针
29（78针）
2.5（3行）
下摆（花样B）
加12针
16.5（20行）
20（锁针54针）
挑56针
3（5行）
（花样D）
54针
（花饰）26个
编织完成处
3.5cm
1行
★起编线圈
（花样D）
8针1个花样

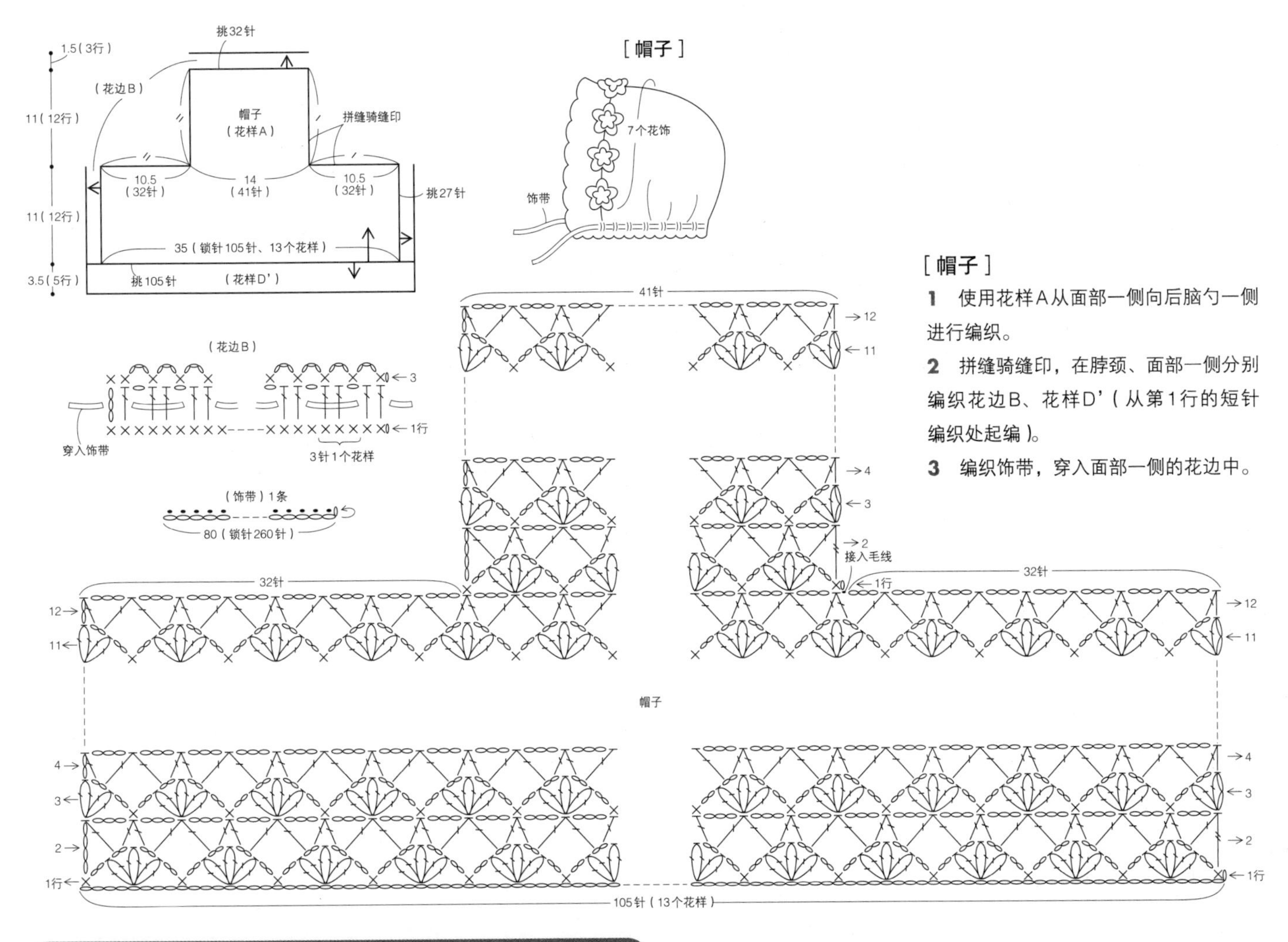

[帽子]

1 使用花样A从面部一侧向后脑勺一侧进行编织。

2 拼缝骑缝印，在脖颈、面部一侧分别编织花边B、花样D'（从第1行的短针编织处起编）。

3 编织饰带，穿入面部一侧的花边中。

24 钩针编织的褐色小熊斗篷的扣带和小熊耳朵 P21

○斗篷的材料、编织方法请参照P70。

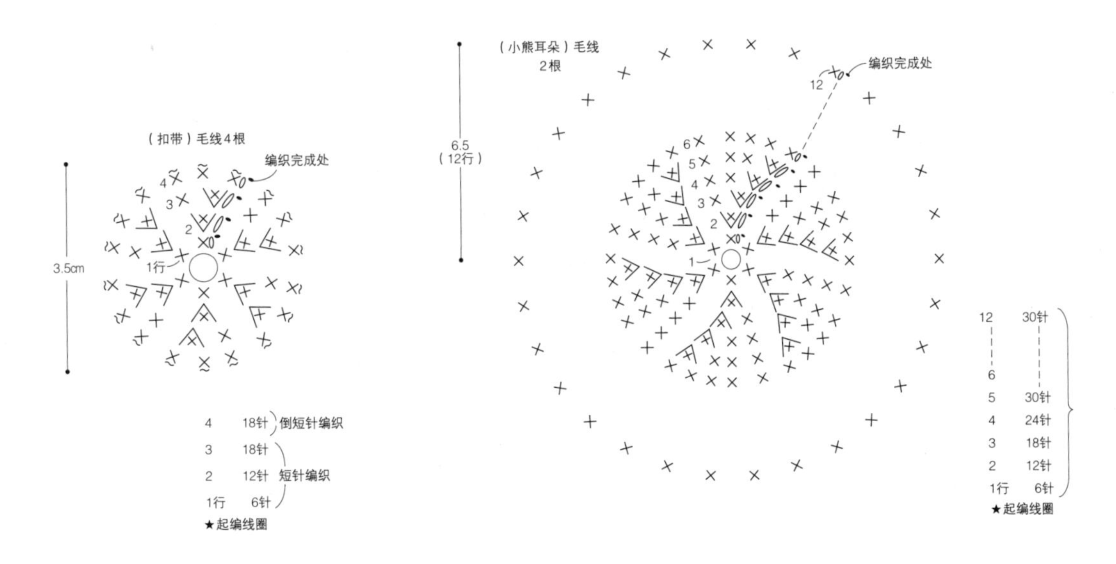

3、4 有机棉婴儿服、帽子 P9

○衣领的编织方法请参照P48。

●材料

线：HAMANAKA Paume无垢棉婴儿用（粗线）纯色棉线（Ⅱ）320g，Paume无垢棉Crochet（中细线）毛线（1）30g

纽扣：10mm圆形纽扣10个

配件：白色的罗纹缝线80cm

针：6号棒针和3/0号、5/0号钩针

●针数

花样编织、上下针编织23针29行各10cm²

●编织方法

取单股Paume婴儿用毛线，使用6号棒针和5/0号钩针编织婴儿服、帽子主体和花边、饰带。取单股PaumeCrochet毛线，使用3/0号钩针编织衣领、花饰。

［婴儿服］

1 使用棒针，用花样A开始编织前后身片，编织108行，除去两侧针目、剩余的针目平均2针并1针，使后身片剩余61针、前身片剩余30针，然后编织育克。

2 衣袖也用花样A进行编织。

3 订缝肩部、接缝腋下，下摆处编织花边A。

4 编织衣领，然后与育克的领口重合，将钩针挑入衣领的起针针目和领口的针目中编织花边C。在前侧同样编织花边C。

5 使用花样花边A编织衣袖，将衣袖下面接缝，在袖口处编织花边B。将袖山接缝于身片，用双股罗纹缝线将袖口收紧。

6 编织花饰，缝于衣领前侧，使花瓣显得立体、栩栩如生。

［帽子］

1 使用和婴儿服一样的花样A开始编织，在面部一侧编织花边A。

2 拼缝骑缝印，在脖颈一侧编织花边D，穿入饰带。

3 在两侧各缝3个大小不一的花饰。

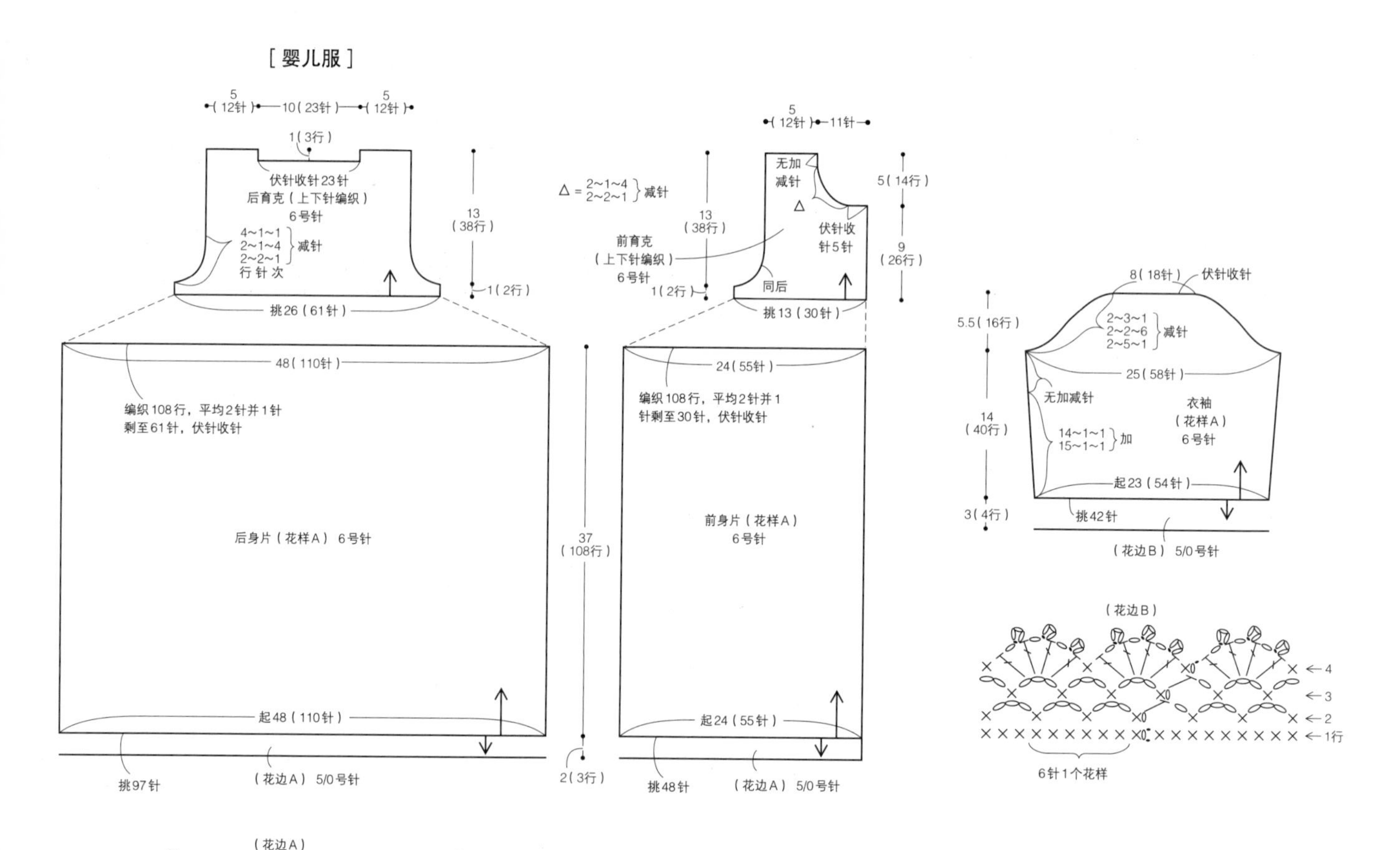

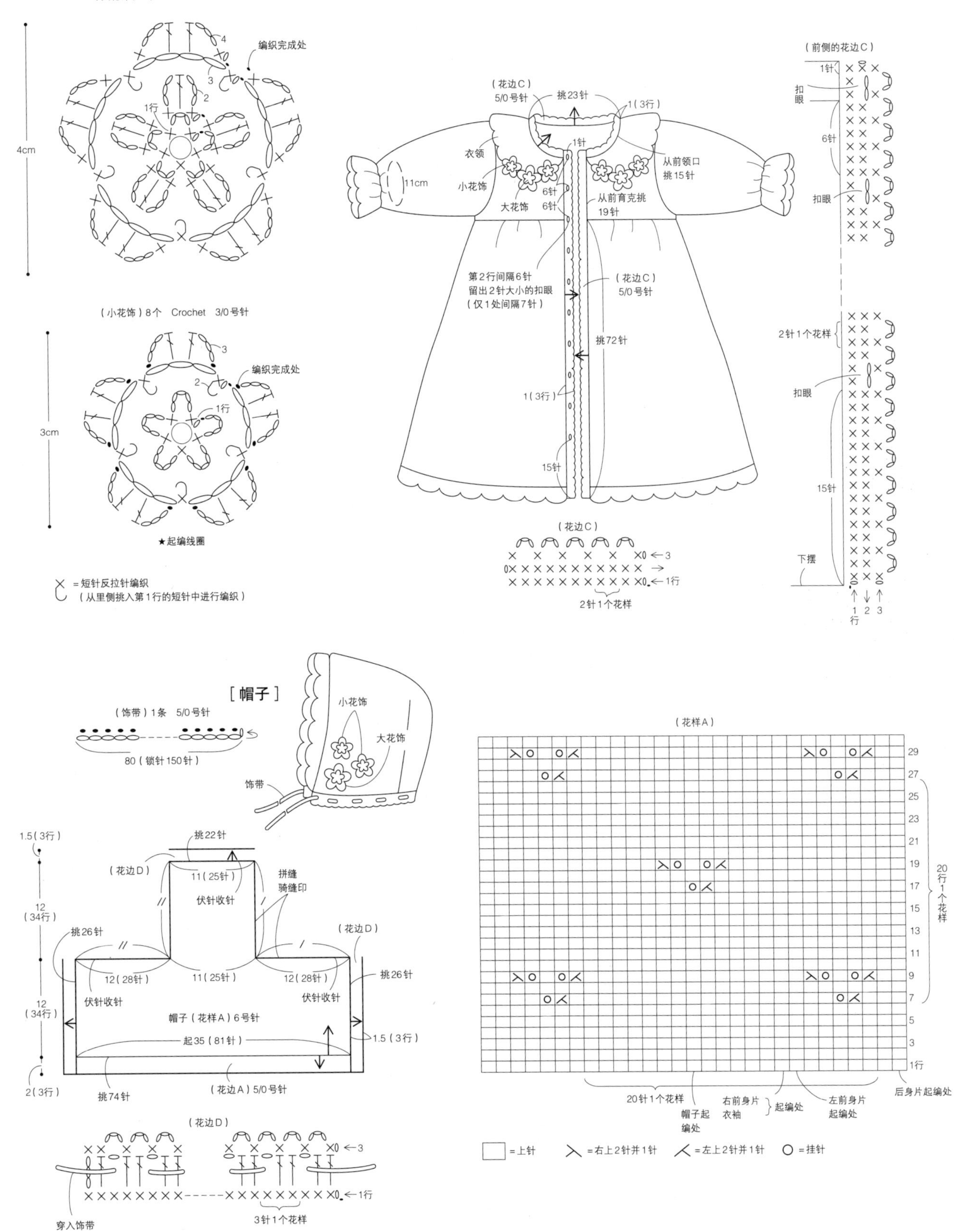
（大花饰）4个 Crochet 3/0号针
编织完成处
4cm
（小花饰）8个 Crochet 3/0号针
编织完成处
3cm
★起编线圈
= 短针反拉针编织
（从里侧挑入第1行的短针中进行编织）
（花边C）
5/0号针
挑23针
1（3行）
衣领
1针
从前领口
挑15针
11cm
小花饰
6针
大花饰
6针
从前育克挑
19针
第2行间隔6针
留出2针大小的扣眼
（仅1处间隔7针）
（花边C）
5/0号针
挑72针
1（3行）
15针
（花边C）
2针1个花样
（前侧的花边C）
1针
扣眼
6针
扣眼
2针1个花样
扣眼
15针
下摆
1行
[帽子]
（饰带）1条 5/0号针
80（锁针150针）
小花饰
大花饰
饰带
1.5（3行）
挑22针
（花边D）
11（25针）
拼缝
骑缝印
伏针收针
12
（34行）
挑26针
（花边D）
12（28针）
11（25针）
12（28针）
挑26针
伏针收针
伏针收针
12
（34行）
帽子（花样A）6号针
起35（81针）
1.5（3行）
2（3行）
挑74针
（花边A）5/0号针
（花边D）
3
1行
穿入饰带
3针1个花样
（花样A）
20行1个花样
20针1个花样
帽子起编处
右前身片
衣袖
起编处
左前身片
起编处
后身片起编处
= 上针
= 右上2针并1针
= 左上2针并1针
= 挂针

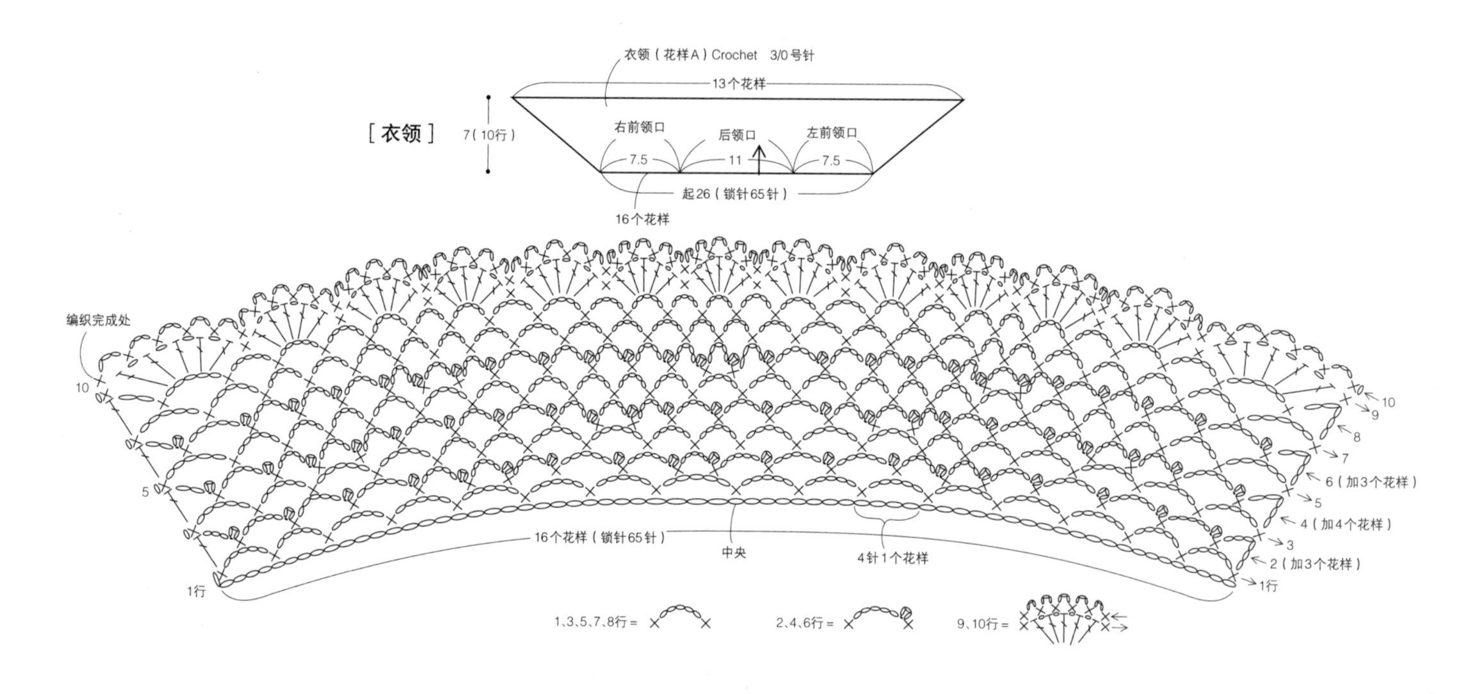

10 棒针编织的长款背心 P14

●**材料**

线：HAMANAKA可爱款婴儿用（中粗线）纯色毛线（2）130g

针：6号棒针、5/0号钩针

●**针数**

花样编织、上下针编织20针26行各10cm²

●**编织方法**

取单股毛线，使用6号棒针，花样编织、上下针编织背心主体，使用5/0号钩针编织花边、饰带、饰绳。

[婴儿服]

1 棒针起编，使用花样编织后身片、左右前身片。各编织52行后，后身片平均每针伏针收针减至56针，前身片平均2针并1针伏针收针减至40针。

2 育克从伏针收针后的裙子处挑针，使用上下针编织前后身片。

3 订缝肩部、接缝腋下，在领口、前侧、下摆和袖笼处编织花边。

4 编织饰带和饰绳，在左前侧和腋下缝饰带、在右前侧和左腋里侧缝饰绳。

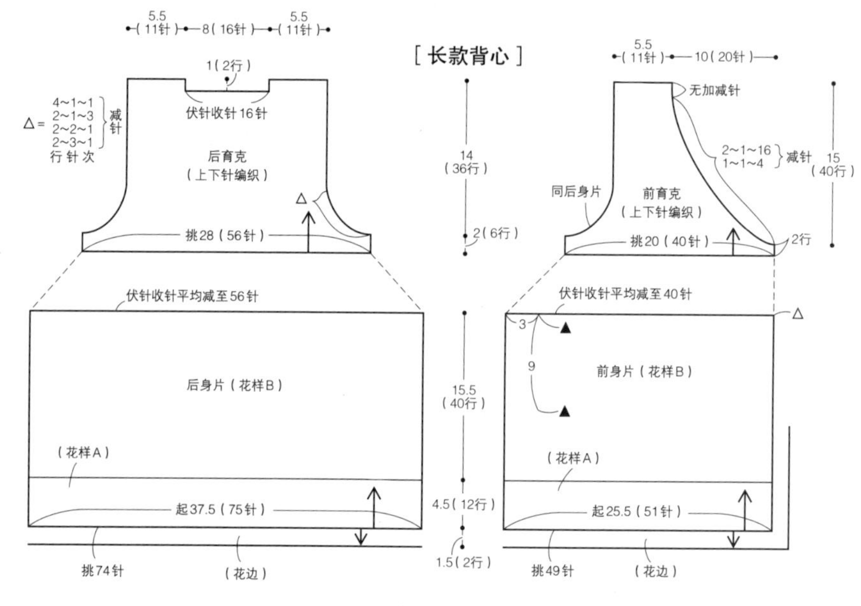

（左前身片的花样）

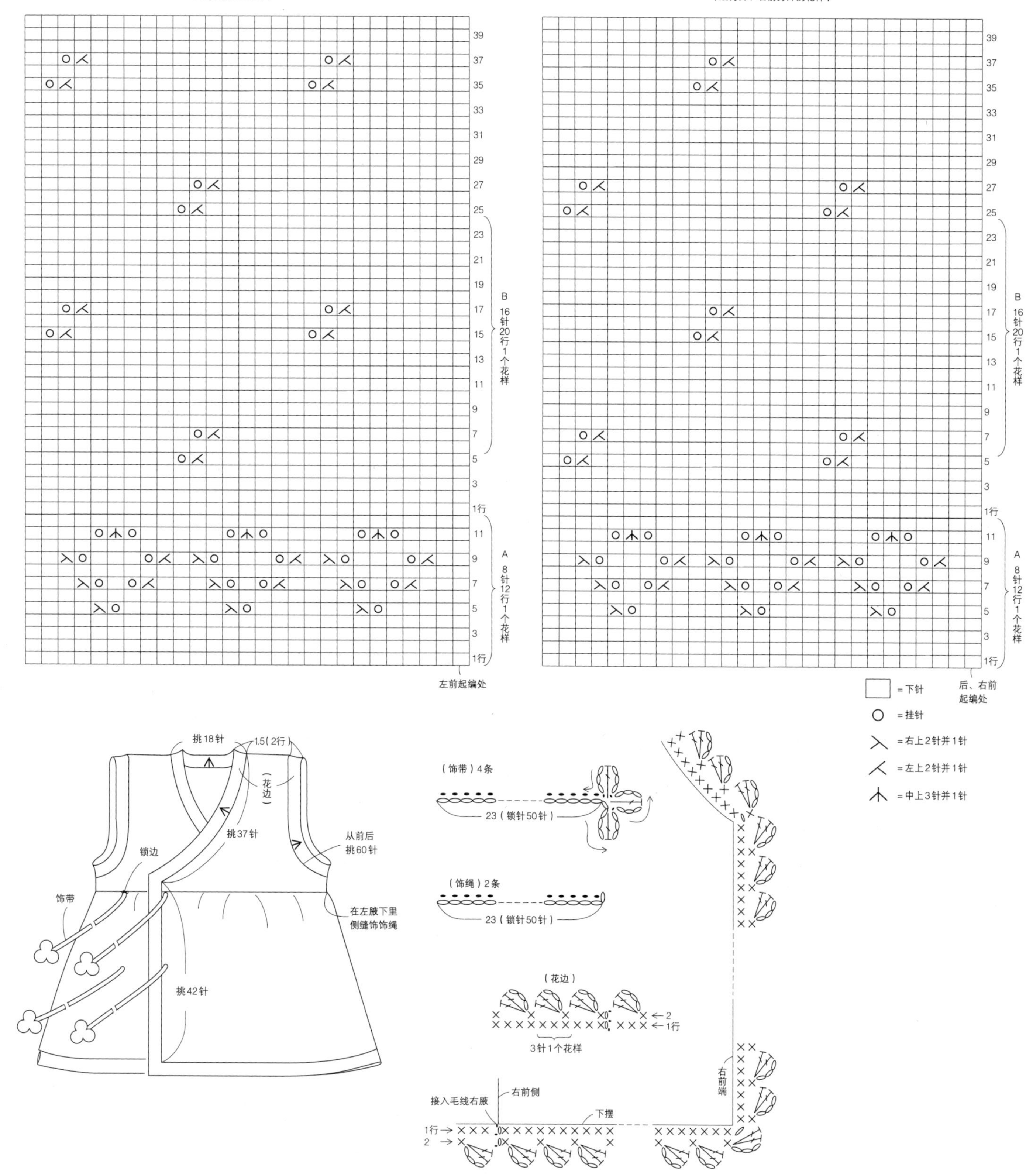
（后身片、右前身片的花样）
39
37
35
33
31
29
27
25
23
21
19
17
15
13
11
9
7
5
3
1行
B
16针20行1个花样
A
8针12行1个花样
左前起编处
后、右前起编处
= 下针
= 挂针
= 右上2针并1针
= 左上2针并1针
= 中上3针并1针
挑18针
1.5（2行）
（花边）
挑37针
从前后挑60针
锁边
饰带
在左腋下里侧缝饰饰绳
挑42针
（饰带）4条
23（锁针50针）
（饰绳）2条
23（锁针50针）
（花边）
2
1行
3针1个花样
右前端
接入毛线右腋
右前侧
下摆
1行
2

5、6、7 两穿婴儿服、帽子、小毯子 P10

●材料

线：HAMANAKA Paume Crochet（中细线）纯色毛线（1）840g（两穿婴儿服、帽子用420g、小毯子用410g）

纽扣：10mm圆形纽扣12个

针：3/0号钩针

●针数

花样A32针15行，花样B27针10行各10cm^2 花饰A6cm^2，花饰B、C各9cm^2

●编织方法

取单股毛线使用3/0号钩针进行编织。

［开衫］

1 开衫的前后身片需编织34个花饰A，卷针订缝成图片中的形状，在肩部订缝起来。

2 在下摆、领口、前侧编织花边。

3 使用花样B编织衣袖，将衣袖下面接缝起来，在袖口处编织花边，缝于身片。

4 裙子从腰部一侧朝下编织裙摆，加针使之呈扇形。在腰部一侧和前侧编织花边。作婴儿服穿着时，将身片下摆包合于裙子腰部一侧的花边中；作斗篷穿着时，将饰带穿入裙子的第9行、翻折1~8行作为衣领。

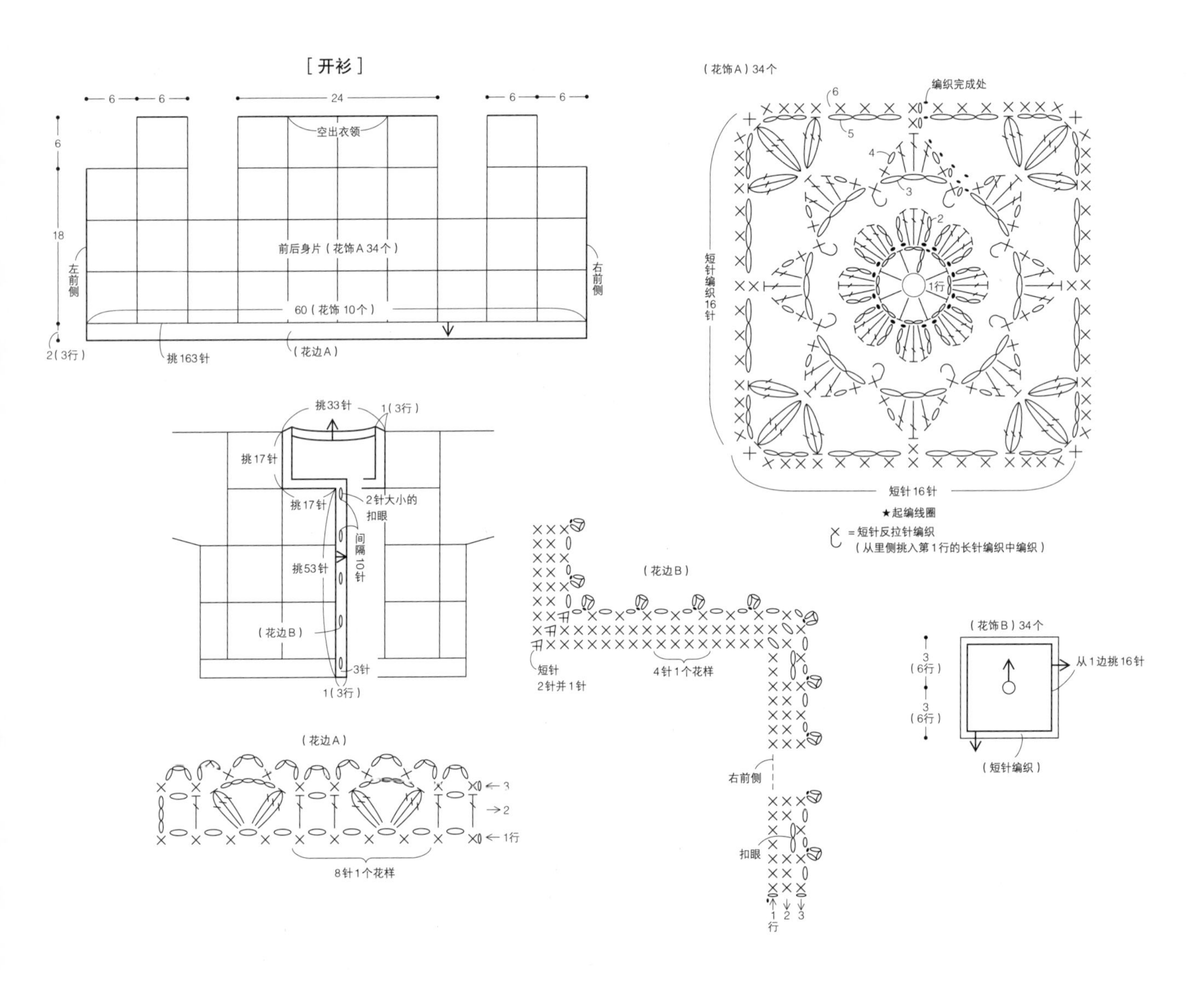

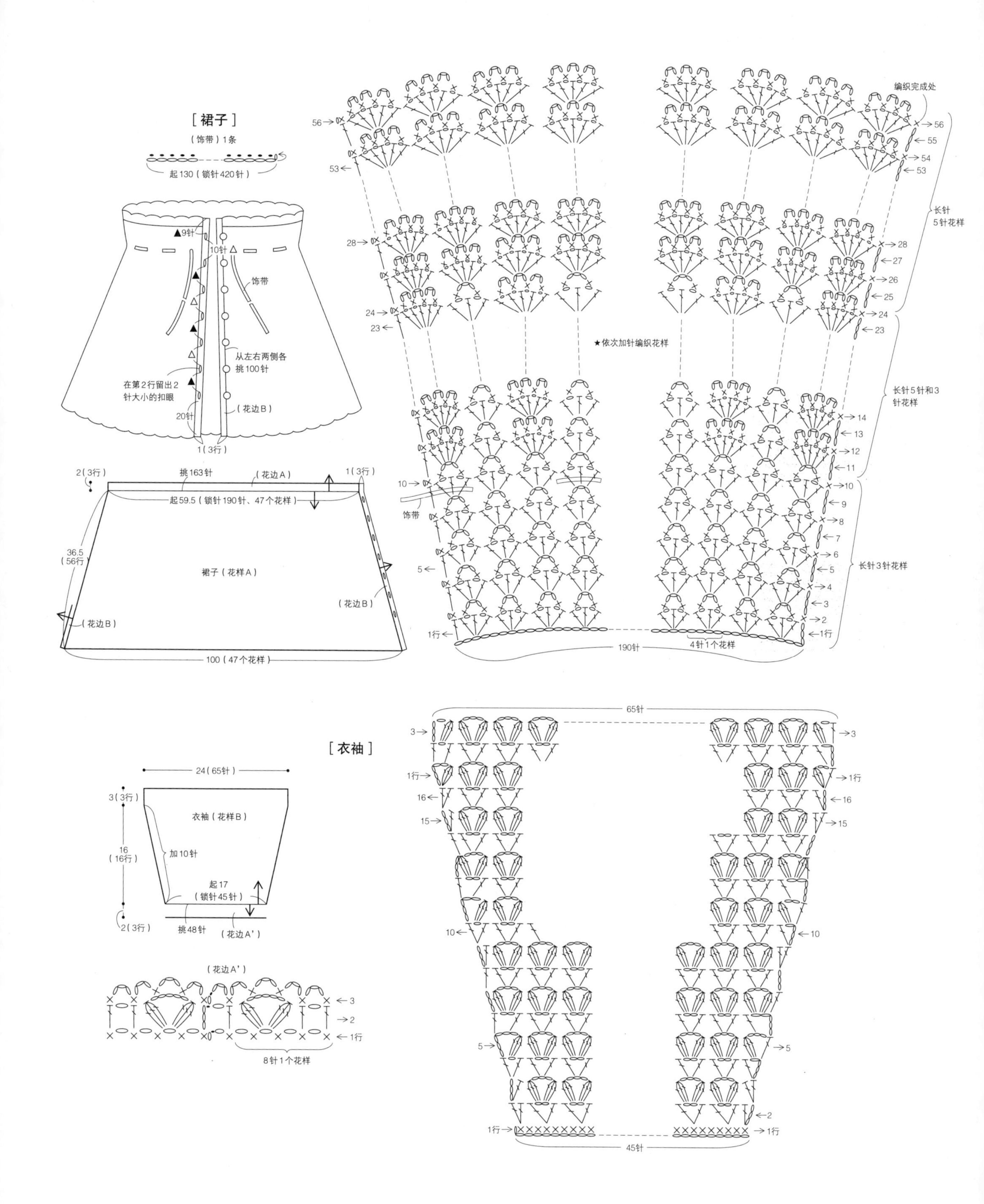

[裙子]
(饰带)1条
起130(锁针420针)
9针
10针
饰带
从左右两侧各
挑100针
在第2行留出2
针大小的扣眼
20针
(花边B)
1(3行)
2(3行)
挑163针
(花边A)
1(3行)
起59.5(锁针190针、47个花样)
36.5
(56行)
裙子(花样A)
(花边B)
(花边B)
100(47个花样)
编织完成处
长针
5针花样
★依次加针编织花样
长针5针和3
针花样
饰带
长针3针花样
190针
4针1个花样
[衣袖]
24(65针)
3(3行)
衣袖(花样B)
16
(16行)
加10针
起17
(锁针45针)
2(3行)
挑48针
(花边A')
(花边A')
8针1个花样
65针
45针

[帽子]

1 使用花样B从面部一侧向头部后侧进行编织，面部一侧编织花样D、拼缝骑缝印。

2 脖颈一侧编织花边E，从针目处穿入饰带。

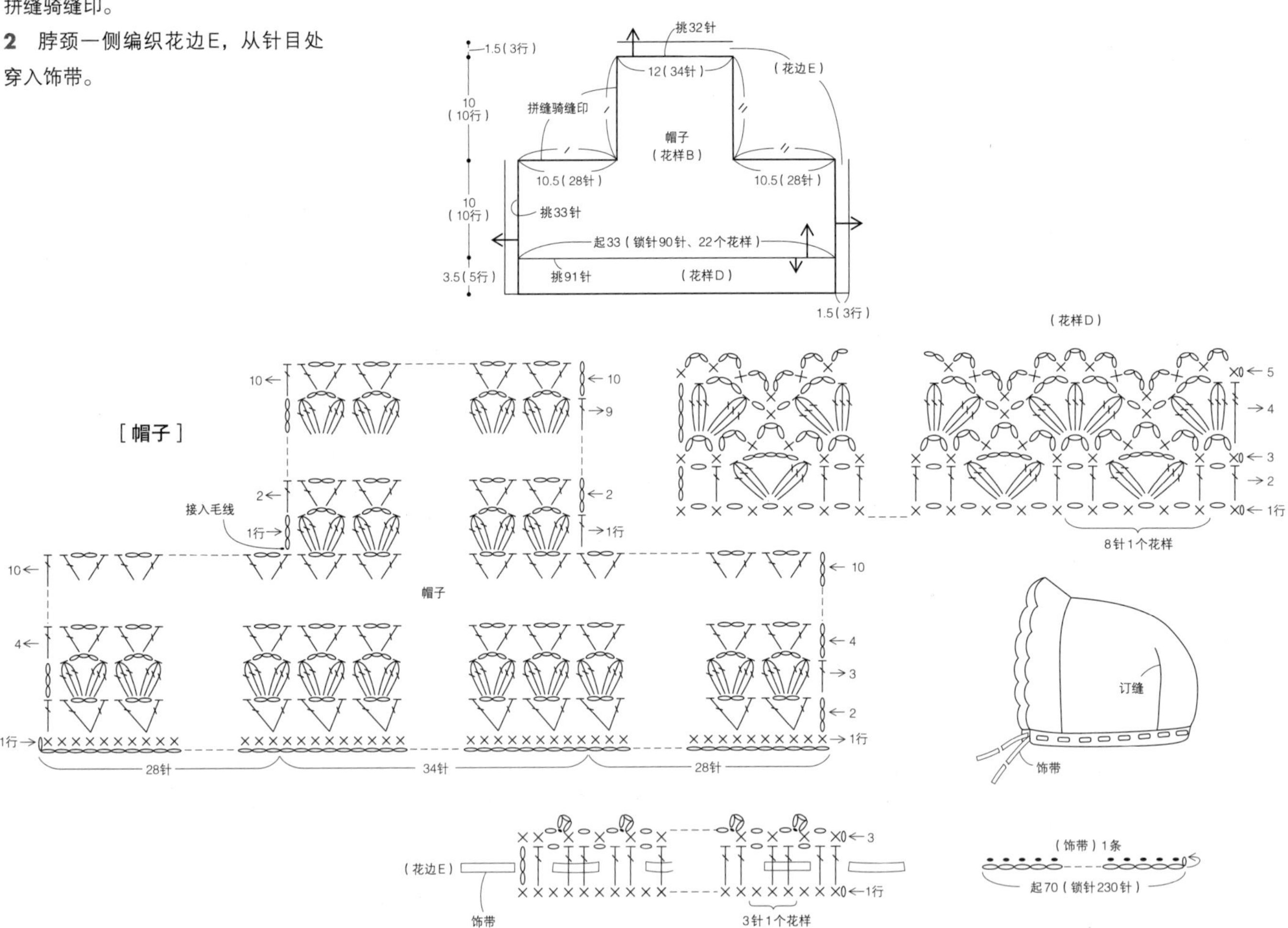

[小毯子]

●编织方法

1 花饰B、花饰C各编织32个，将2种花饰卷针订缝成市松花样。

2 从四周挑针编织花边C。

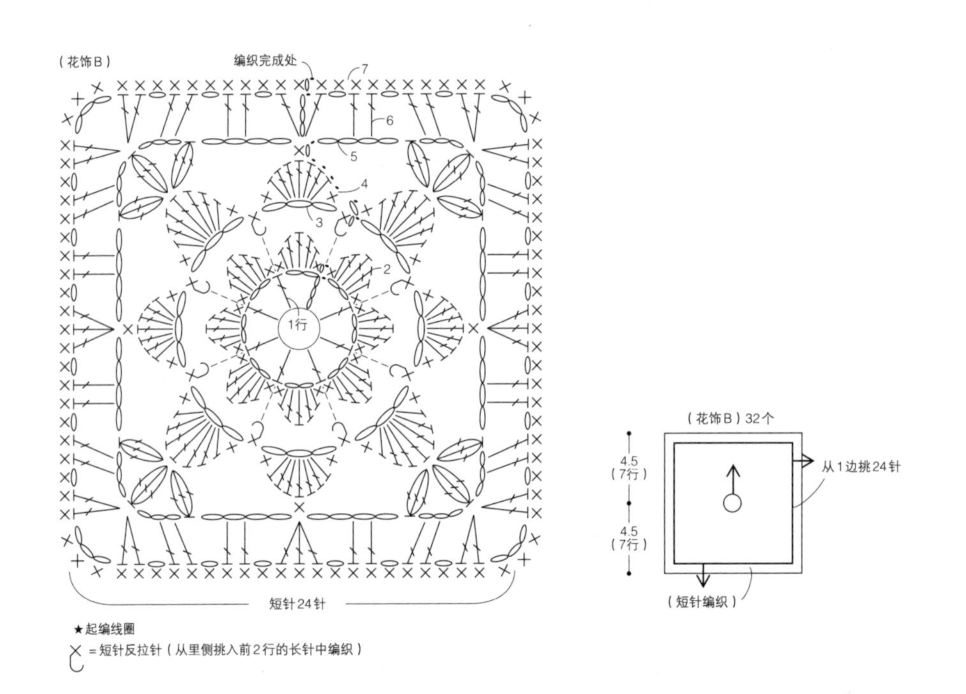

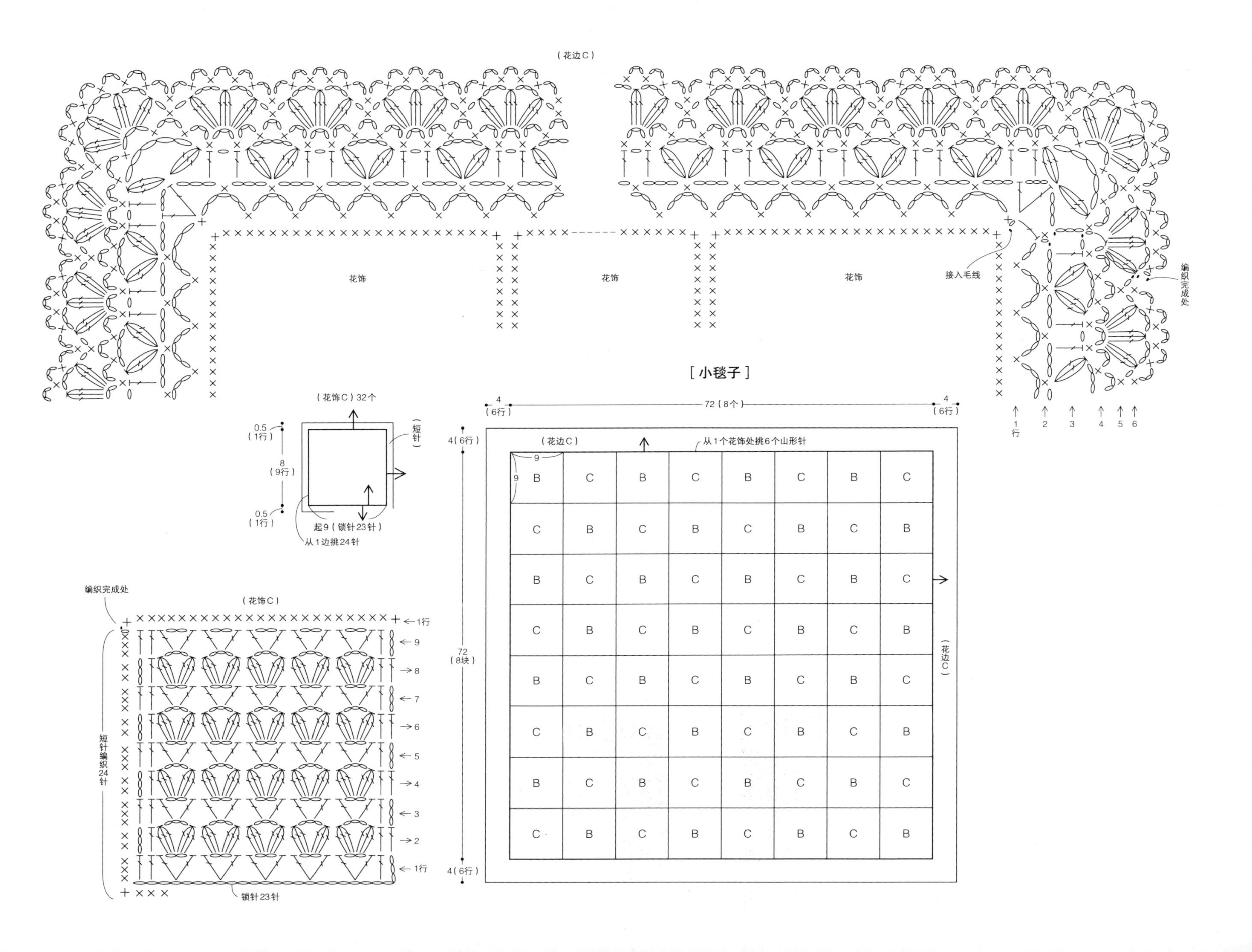
(花边C)
花饰
花饰
花饰
接入毛线
编织完成处
[小毯子]
1行
2
3
4
5
6
(花饰C)32个
0.5(1行)
8(9行)
0.5(1行)
(短针)
起9(锁针23针)
从1边挑24针
4(6行)
72(8个)
4(6行)
4(6行)
(花边C)
从1个花饰处挑6个山形针
9
9
72(8块)
(花边C)
4(6行)
编织完成处
(花饰C)
1行
9
8
7
6
5
4
3
2
1行
短针编织24针
锁针23针

8 雏菊花样的小毯子 P12

●材料

线：HAMANAKA Cupid（中细线）纯色毛线（1）280g

针：4号棒针、4/0号钩针

●针数

花样A、B24针33行各编织10cm²

●编织方法

取单股毛线，使用4号棒针编织小毯子的主体，使用4/0号钩针编织花边。

1 棒针起针174针，在挂针和2针并1针的方形花边中交替编织菱形图案和上下针。

2 编织到230行伏针收针。

3 从四周均匀挑针，使用钩针编织花边。9、10行的锁针针目数增多，因此编织完成后犹如荷叶一般。

4 编织花饰，将双股毛线穿入手缝针中，将花饰缝在上下针的24处。

□ =下针

— =上针

⋌ =左上2针并1针

⋋ =右上2针并1针

○ =挂针

⋏ =中上3针并1针

［小毯子］

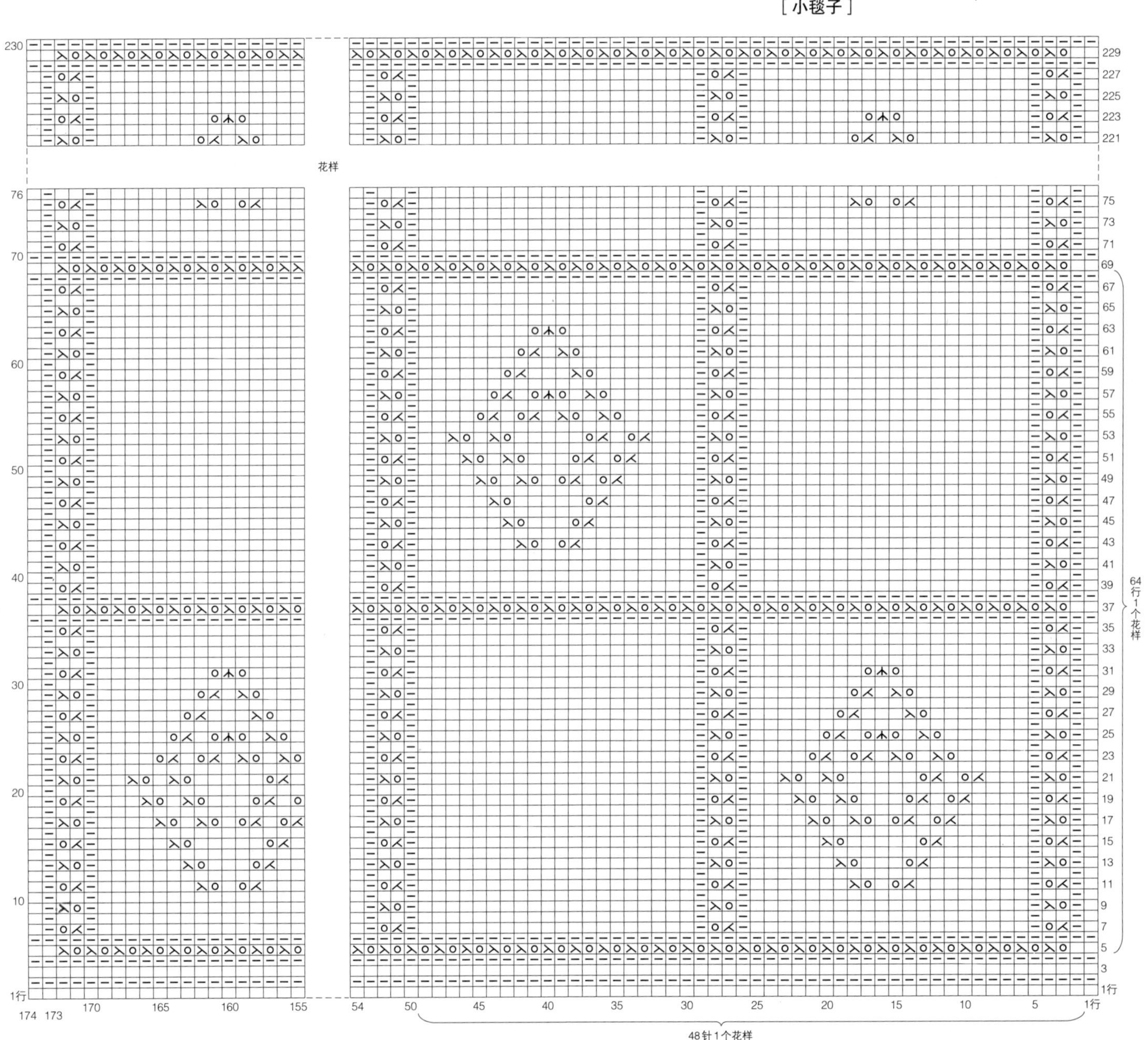

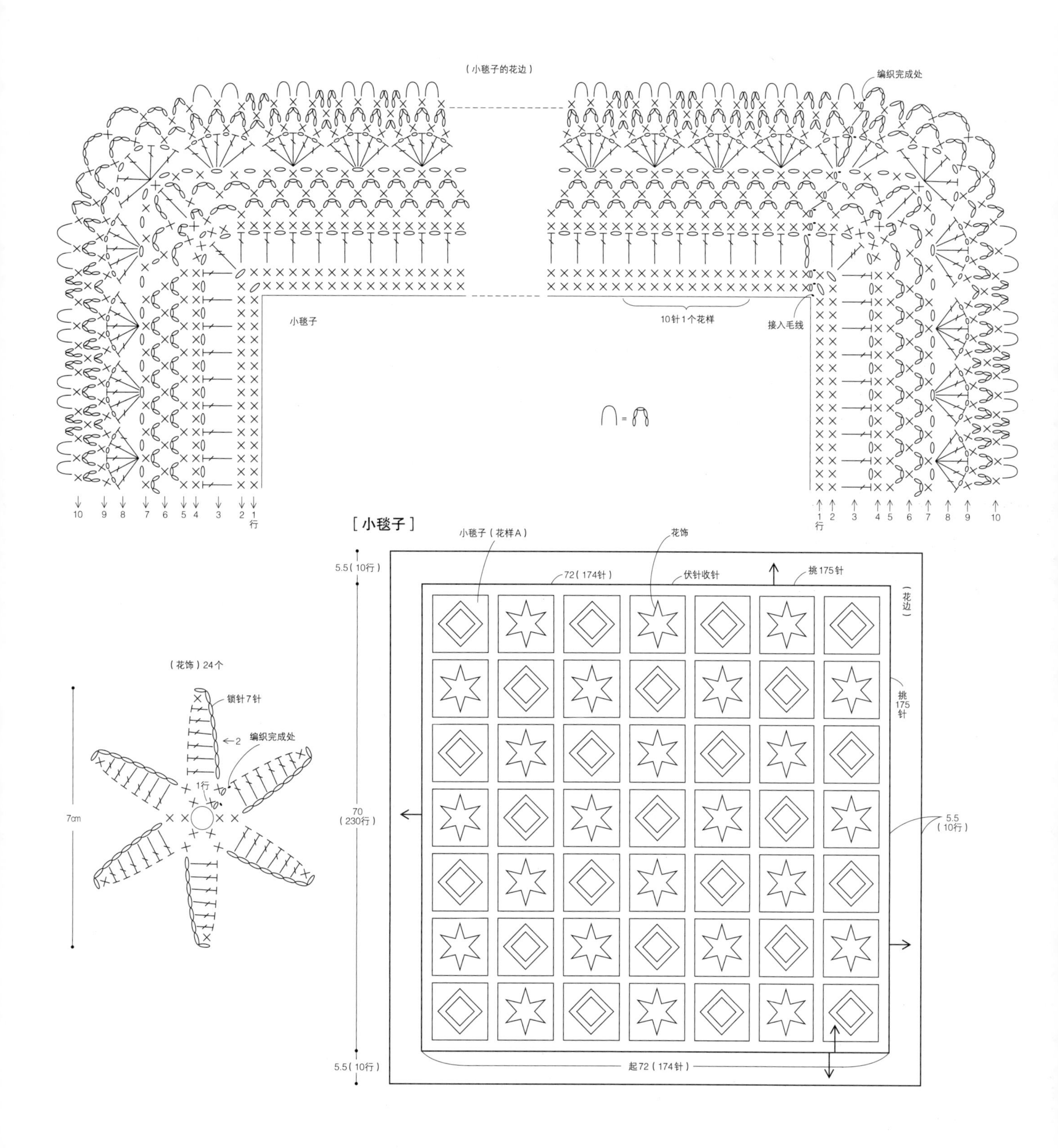

（小毯子的花边）
编织完成处
小毯子
10针1个花样
接入毛线
10 9 8 7 6 5 4 3 2 1行
1行 2 3 4 5 6 7 8 9 10
[小毯子]
小毯子（花样A）
花饰
72（174针）
伏针收针
挑175针
（花边）
挑175针
5.5（10行）
70（230行）
5.5（10行）
起72（174针）
（花饰）24个
锁针7针
编织完成处
1行
7cm

9 小熊花样的小毯子 P13

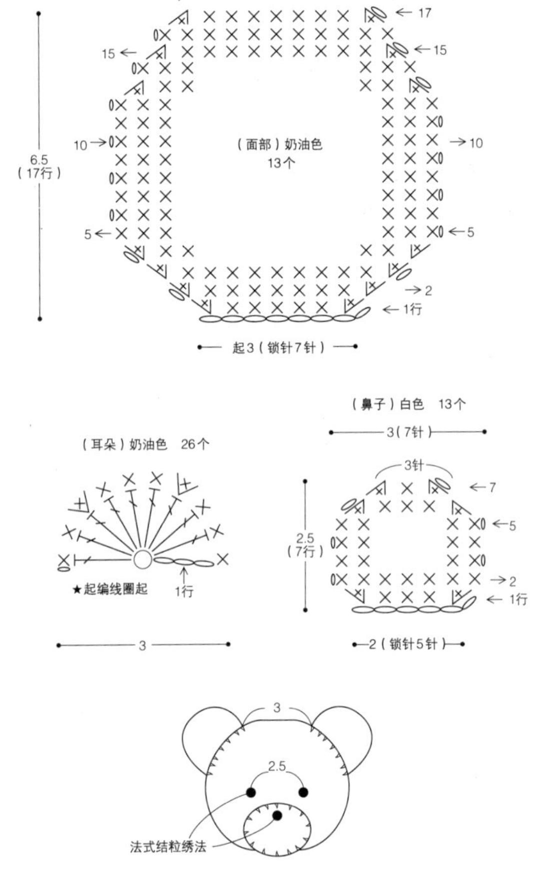

●材料

线：HAMANAKA可爱款婴儿用Pure Cotton（中粗线）白色毛线（1）210g、蓝色毛线（4）150g、奶油色毛线（2）135g、绿色毛线（5）75g

HAMANAKA可爱款婴儿用（中粗线）浅蓝色毛线（6）少许

针：3/0号钩针

●针数

花饰1个、10cm^2

●编织方法

取单股毛线，使用3/0号钩针进行编织。

1　花饰A、B、B'、C、D共计编织64个。各种花饰采用单色、多色编织，四周的短针使用白色毛线从1边各挑24针进行调整。

2　编织好的花饰按照图示进行配置，相邻花饰四周各挑入半针短针进行卷针订缝。将图中带有箭头标志的6个花饰D纵向订缝在起编一侧。

3　从订缝好的花饰四周挑针编织花边。编织小熊嵌饰，在面部绣饰上耳朵和鼻子后使用同色系毛线将小熊嵌饰锁饰在花饰A上。

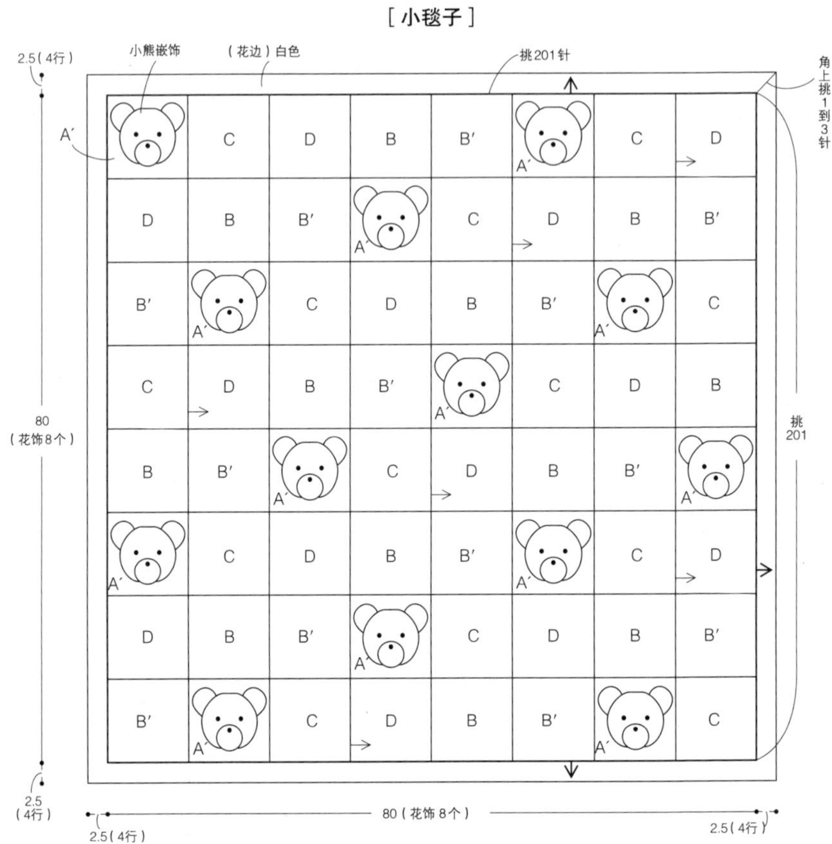

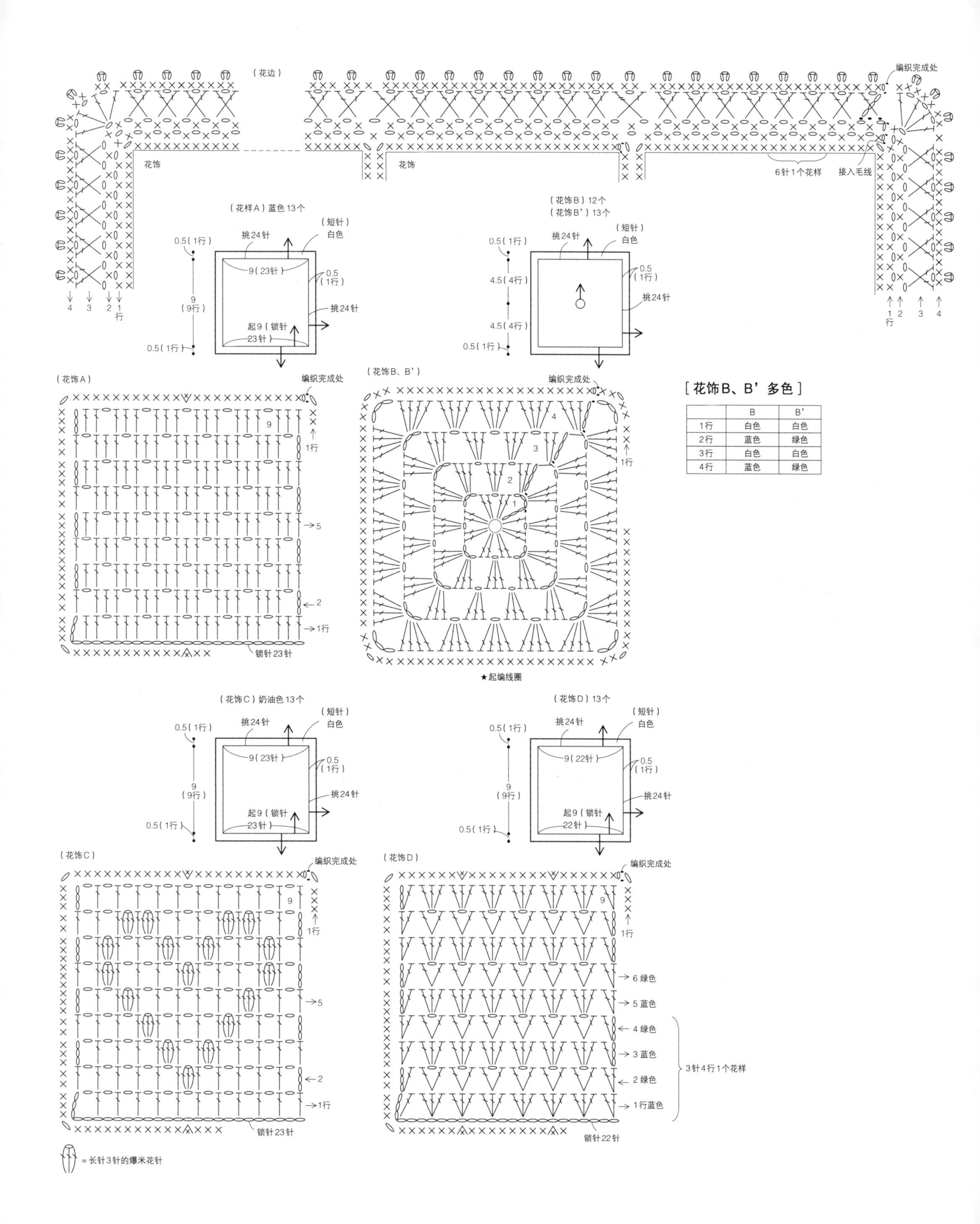

[花饰B、B'多色]

	B	B'
1行	白色	白色
2行	蓝色	绿色
3行	白色	白色
4行	蓝色	绿色

11 前系扣长款背心 P14

●材料

线：HAMANAKA Paume无垢棉Crochet（中细线）纯色毛线（1）120g

纽扣：12mm心形纽扣7个

针：5号棒针和3/0号钩针

●针数

上下针编织22针30行，花样编织（钩针编织）26针9.5行各10cm²

●编织方法

取双股毛线，使用5号棒针编织背心的前后身片；取单股毛线，使用3/0号钩针编织裙子和花边。

1 棒针起针，使用上下针编织后身片和左右身片。

2 裙子使用钩针挑入身片起针，从第1行的短针开始编织。为了不松垮，按照起针2针、3针短针的比例编织得紧凑一些。从第2行开始依照针数进行编织，使下摆显得较为蓬松。下摆处的花边A需编接在腋下前侧。

3 订缝肩部，将腋下和裙子分别挑针接缝、锁针接缝于身片。

4 在领口、前侧编织花边B，在袖笼处编织花边C。依照右前侧的扣眼位置，在左前侧花边的第1行订缝纽扣。

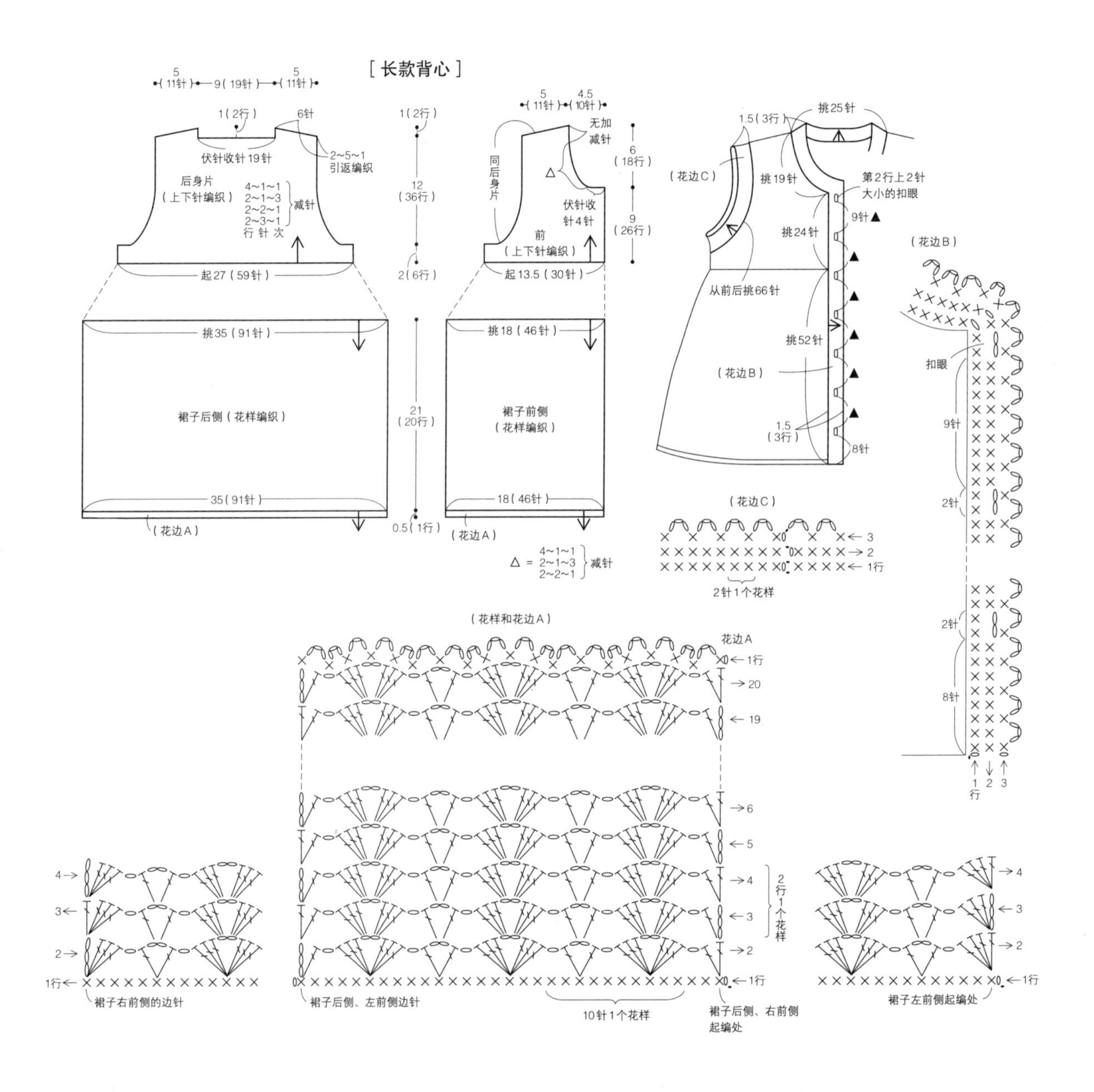

15 糖果色背心、帽子中的帽子 P16

○材料、背心和花饰的编织方法请参照P56。

1 棒针起针，从头围一侧编织环形的花样。帽顶一侧如图所示在15处减针。

2 头围处编织花边，帽顶拧收针。于四周包缝8个花饰。

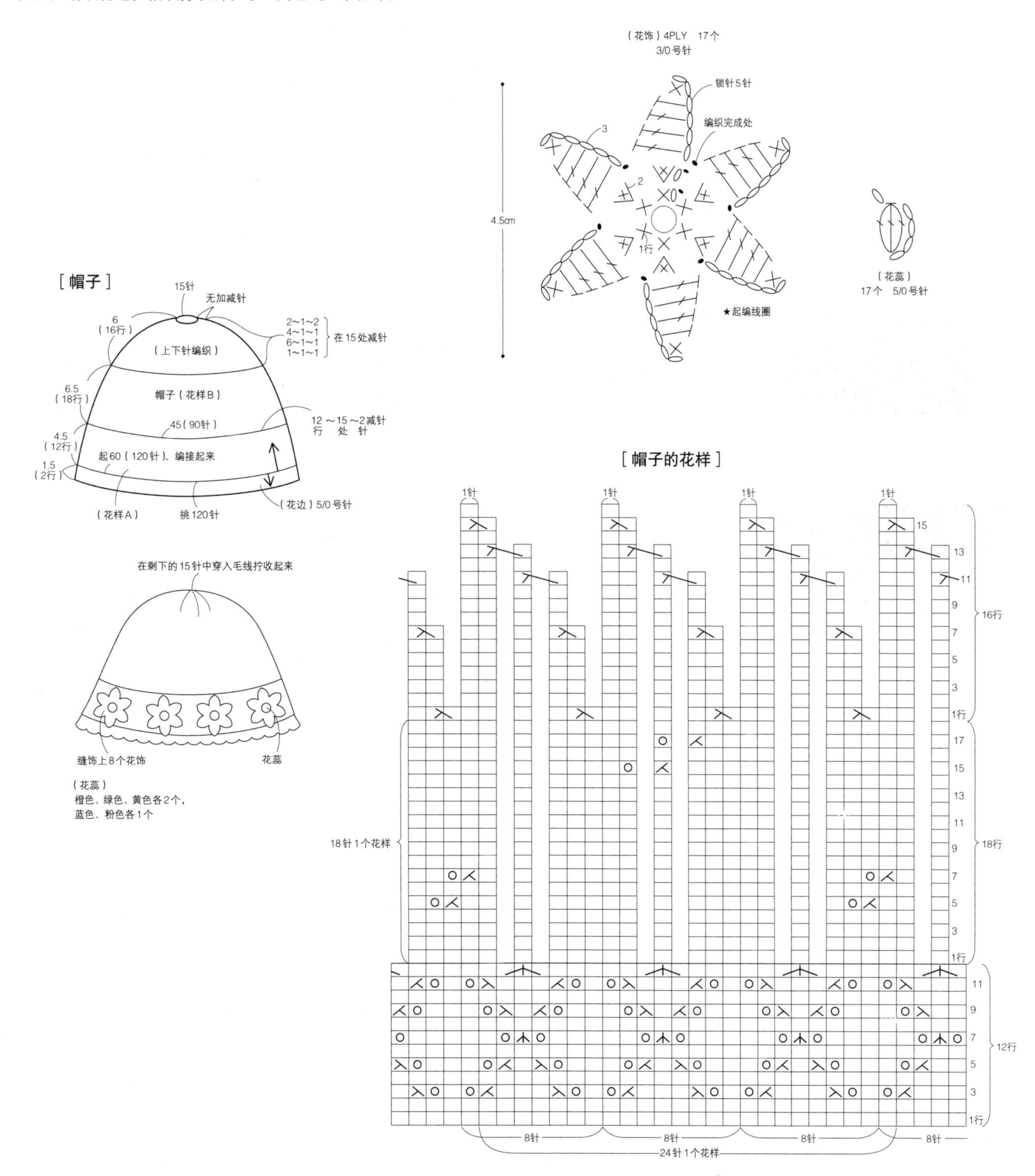

15、16 糖果色花饰的背心、帽子 P16

○花饰和帽子的编织方法请参照P59。

●**材料**

线：HAMANAKA Fairlady50（粗线）纯色毛线（2）160g HAMANAKA 4PLY（中细线）毛线（302）15g 可爱款婴儿用（中粗线）粉色毛线（4）、蓝色毛线（6）、黄色毛线（11）、绿色毛线（14）、橙色毛线（20）各少许

纽扣：12mm圆形纽扣3个

针：6号棒针 5/0号、3/0号钩针

●**针数**

花样编织、上下针编织20针27行各编织10cm²

●**编织方法**

取单股Fairlady50毛线，使用6号棒针编织背心、帽子的主体；使用5/0号钩针编织荷叶边、花边、饰带；取单股4PLY毛线使用3/0号钩针编织花饰；取单股可爱款婴儿用毛线，使用5/0号钩针编织花蕊。

［背心］

1 棒针起针，使用花样编织编织前后身片。

2 订缝肩部、接缝腋下，从袖笼处挑针编织荷叶边，将荷叶边一端接缝于腋下上侧。

3 在右腋下摆处接入毛线编织花边直至后侧、领口。

4 编织花饰和花蕊，对应缝合好后缝饰于前后领口处。

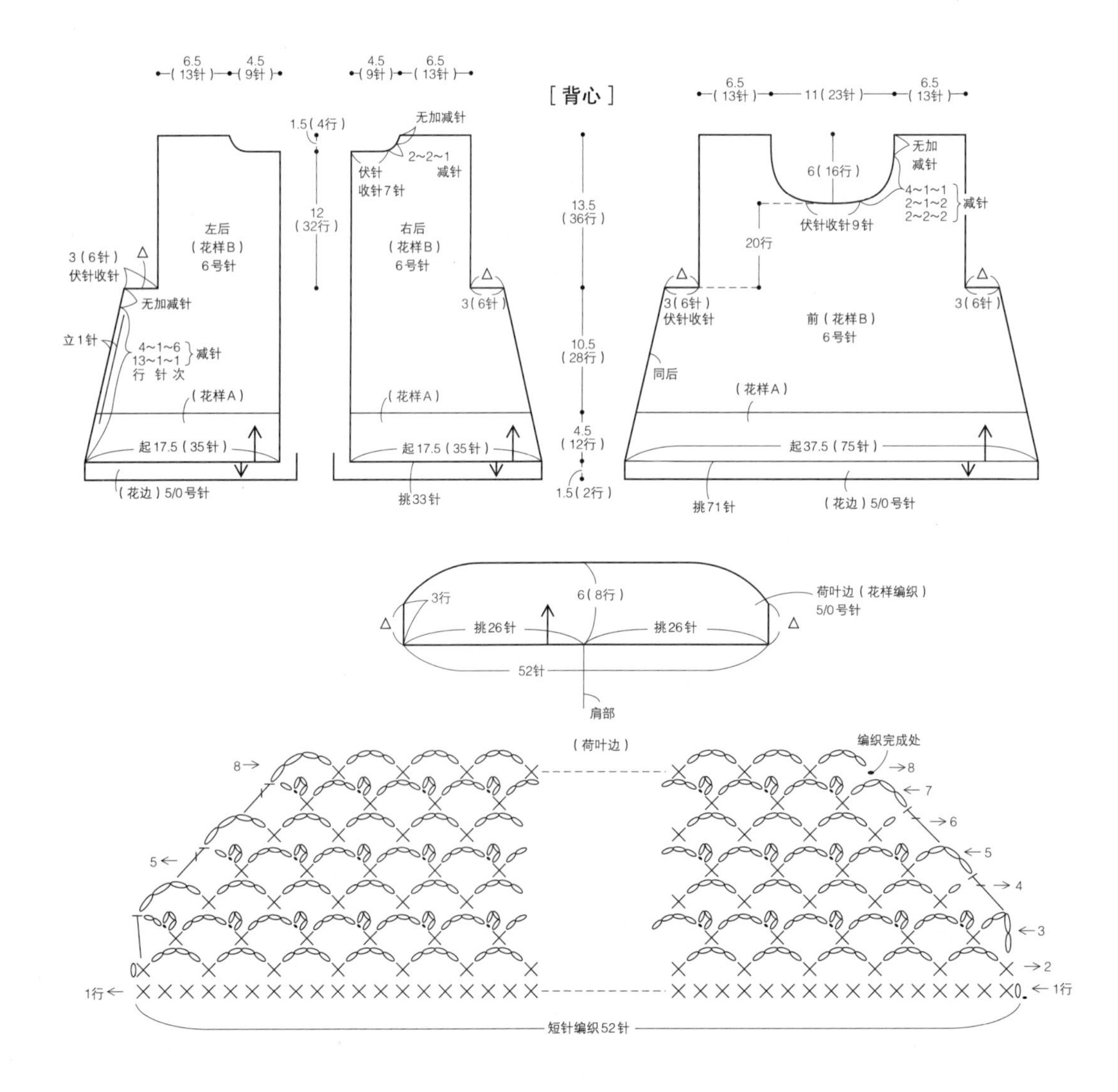

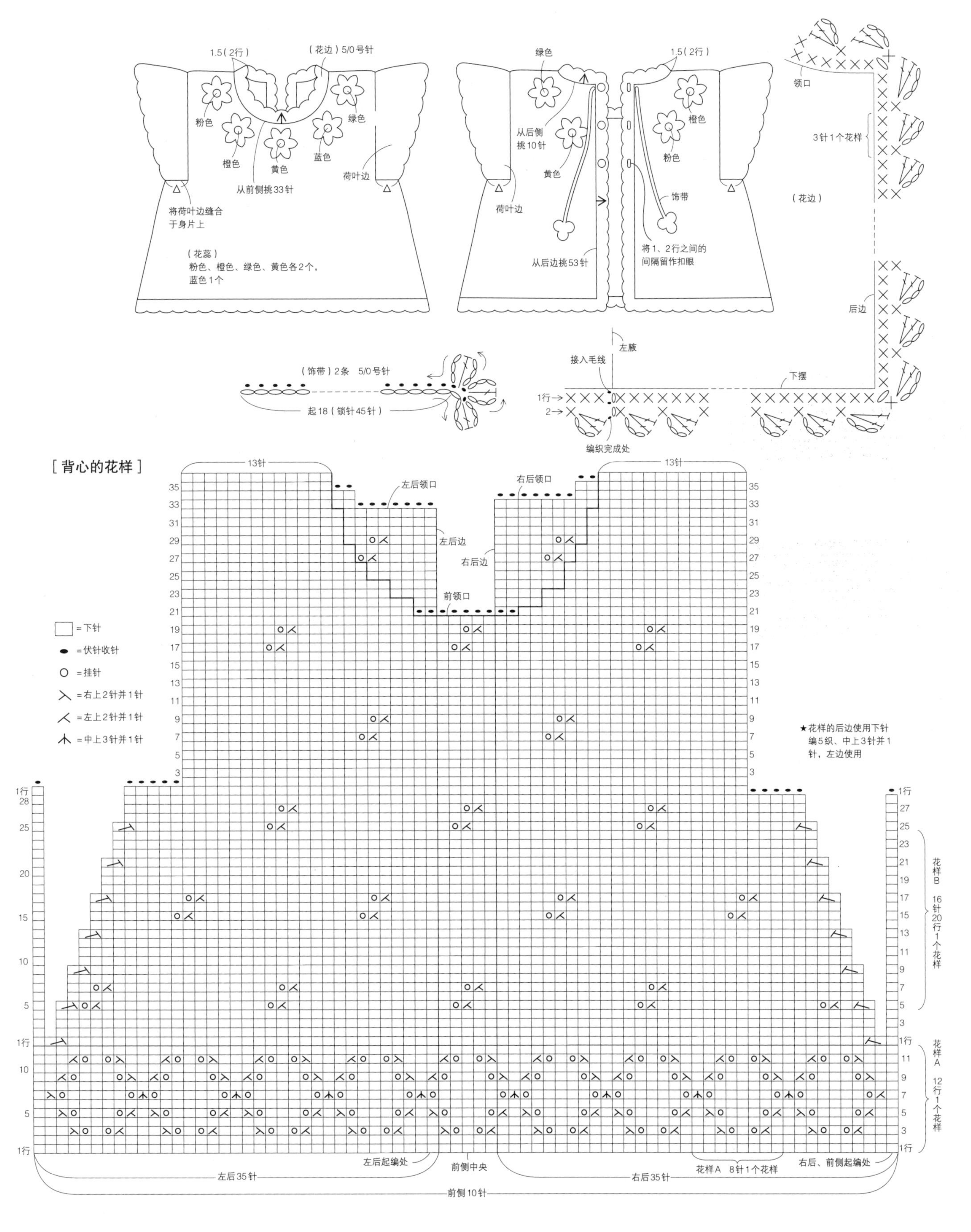

1.5（2行）
（花边）5/0号针
粉色
橙色
黄色
蓝色
绿色
从前侧挑33针
荷叶边
将荷叶边缝合于身片上
（花蕊）
粉色、橙色、绿色、黄色各2个，蓝色1个
绿色
1.5（2行）
从后侧挑10针
黄色
荷叶边
从后边挑53针
橙色
粉色
饰带
将1、2行之间的间隔留作扣眼
领口
3针1个花样
（花边）
后边
左腋
接入毛线
下摆
1行
2
编织完成处
（饰带）2条　5/0号针
起18（锁针45针）
[背心的花样]
13针
左后领口
右后领口
左后边
右后边
前领口
=下针
=伏针收针
=挂针
=右上2针并1针
=左上2针并1针
=中上3针并1针
★花样的后边使用下针编5织、中上3针并1针，左边使用
花样B 16针20行1个花样
花样A 12行1个花样
左后起编处
前侧中央
花样A　8针1个花样
右后、前侧起编处
左后35针
右后35针
前侧10针

17、18 小花刺绣的背心、帽子 P17

●材料

线：HAMANAKA Fairlady50（粗线）纯色毛线（2）140g、粉色毛线（9）20g、粉紫色毛线（82）和嫩绿色毛线（13）各少许

纽扣：13mm圆形纽扣5个

针：5/0号钩针

●针数

花样编织22针9行编织10cm^2

●编织方法

取单股纯色毛线，使用5/0号钩针编织背心、帽子的主体。

［帽子］

1 起针使用环形针编织。编织到3行改用同背心一样的花样编织，从下1行开始采用方格编织。

2 在帽顶剩余的10针中穿入毛线拧收起来，在起编一侧编织花边。

3 在头围10处花样处进行刺绣。

［背心］

1 如右页图示，使用花样编接前后身片。

2 订缝肩部，编织多色花边。在右前侧的第2行处编织锁针2针大小的扣眼，在扣眼位置前面改用短针编织。

3 在前身片10处长针花样的十字中央处进行刺绣。在左前侧使用纯色割线订缝纽扣。

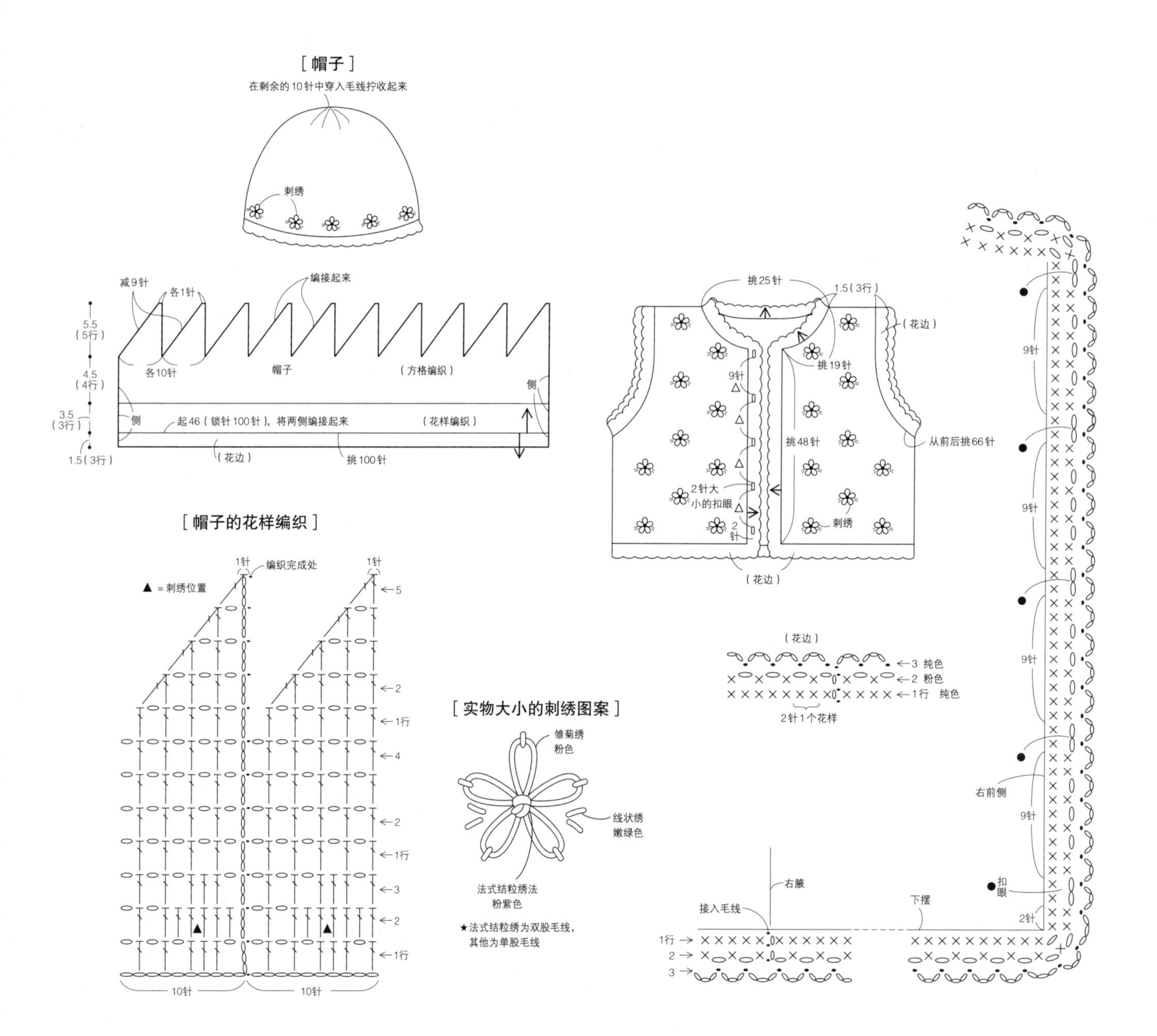

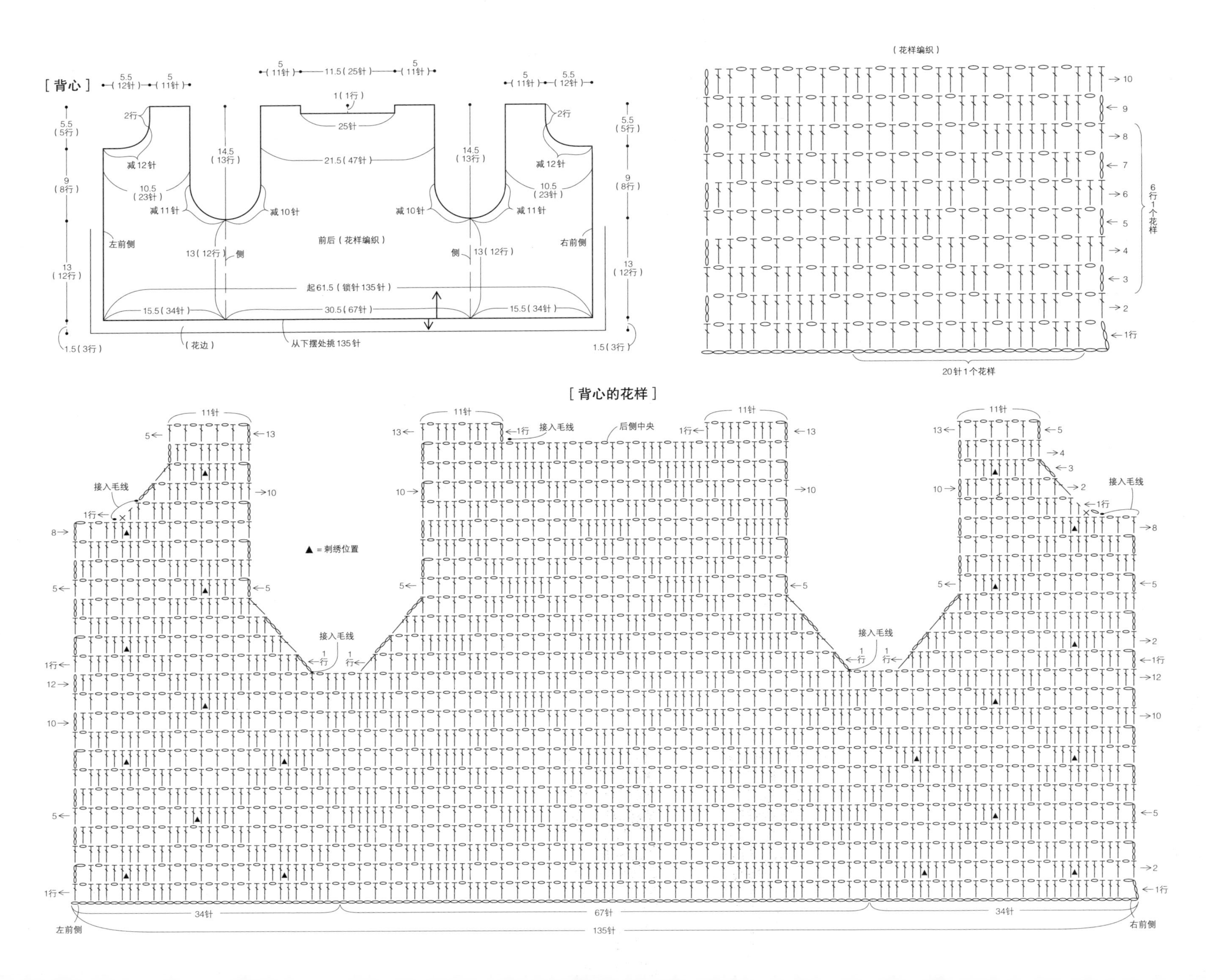

[背心]
5.5 (12针)
5 (11针)
11.5 (25针)
1 (1行)
25针
2行
5.5 (5行)
9 (8行)
13 (12行)
1.5 (3行)
14.5 (13行)
21.5 (47针)
减12针
10.5 (23针)
减11针
减10针
左前侧
右前侧
前后 (花样编织)
13 (12行)
侧
起61.5 (锁针135针)
15.5 (34针)
30.5 (67针)
(花边)
从下摆处挑135针
(花样编织)
6行1个花样
20针1个花样
[背心的花样]
11针
13
10
5
8
2
12
1行
接入毛线
后侧中央
▲ = 刺绣位置
34针
67针
135针
左前侧
右前侧

19、20 心形花样的短款上衣、帽子 P18

●**材料**

线：HAMANAKA Fairlady50（粗线）米灰色毛线（46）190g、纯色毛线（2）20g

纽扣：13mm圆形纽扣4个

针：6号棒针、5/0号钩针

●**针数**

上下针编织20针27行编织10cm²

●**编织方法**

取单股毛线，使用6号棒针上下针编织、单网眼编织前后身片；使用5/0号钩针反短针编织花边、包扣、扣带、绒球等。

［短款上衣］

1 另线起针，取米灰色毛线使用上下针编织前后身片、衣袖。

2 订缝肩部，接缝腋下、衣袖下面。拆下起针毛线，使用同种毛线挑针上下针和单网眼针。使用往返编织编接前后下摆、环形针编织袖口，伏针收针。

3 在领口、前侧也同样编织单网眼针，在各部分的单网眼针的编织完成行，使用纯色毛线编接花边。

4 编织口袋、包扣、扣带，缝接于前身片。

［帽子］

1 取同短款上衣一样的毛线，使用环形针进行编织。帽顶一侧在10处减针。

2 头围处用单网眼针和反短针进行编织，将另外编织好的心形护耳缝于两侧。

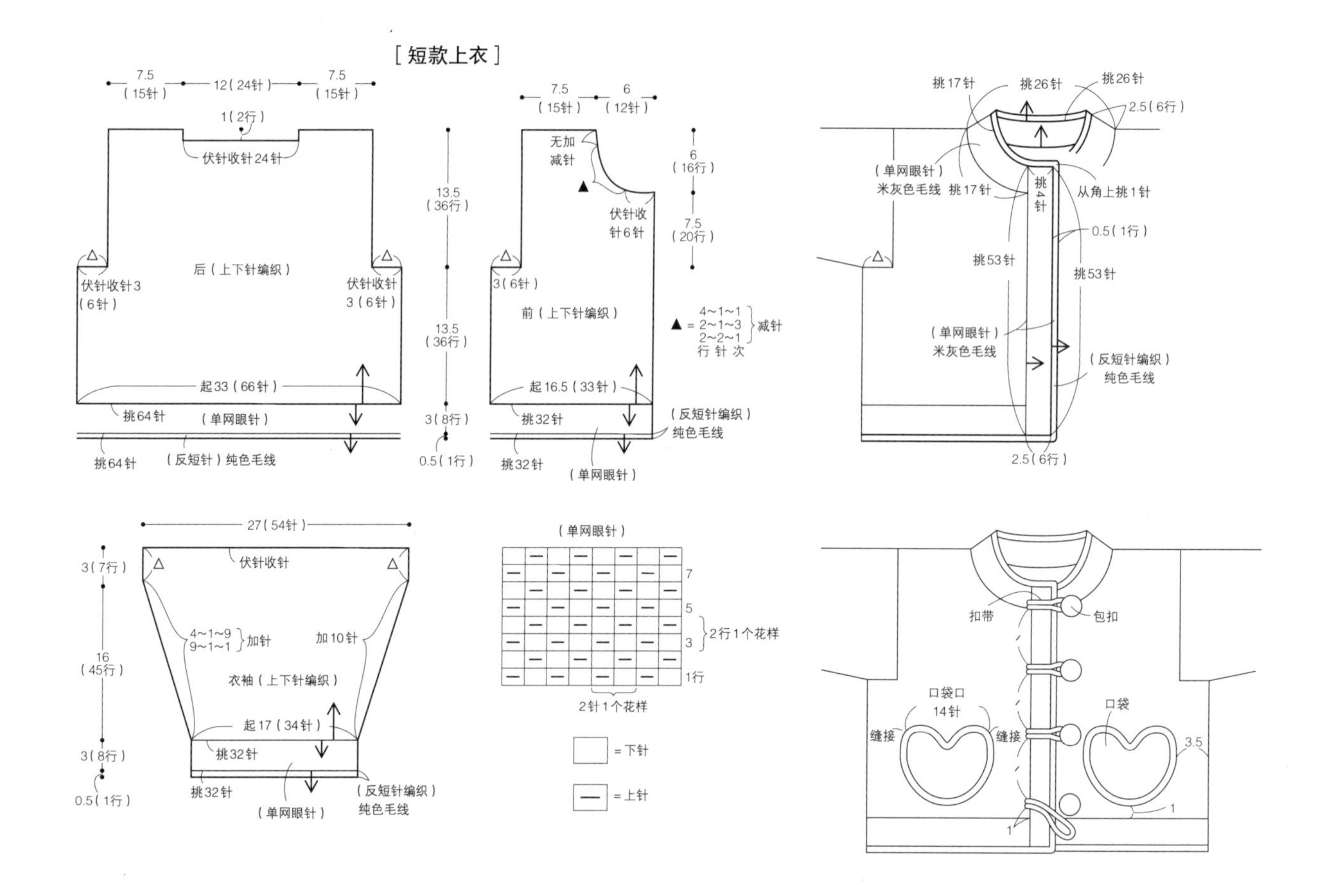

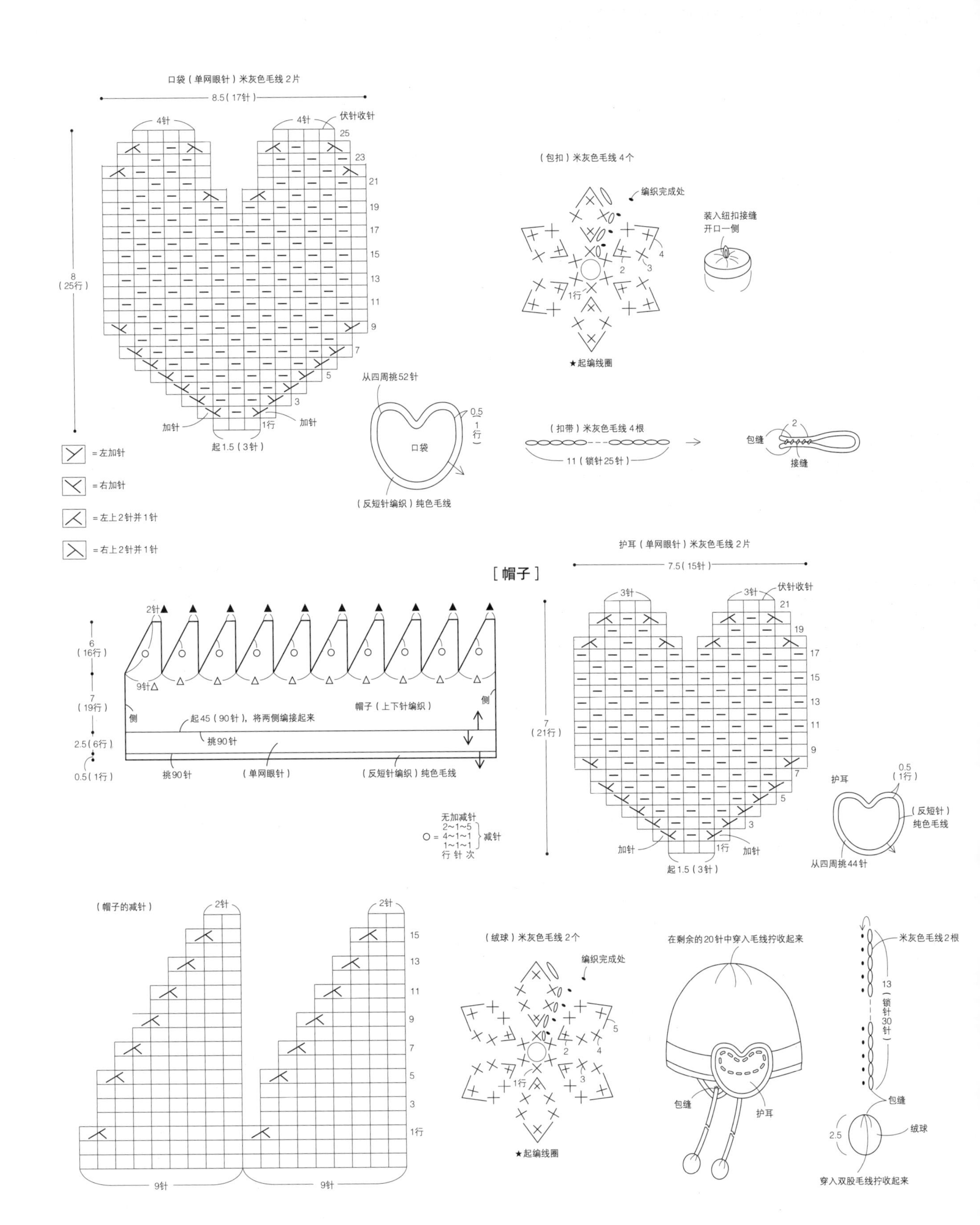

口袋（单网眼针）米灰色毛线 2片
8.5（17针）
4针
4针
伏针收针
8（25行）
加针
1行
加针
起1.5（3针）
= 左加针
= 右加针
= 左上2针并1针
= 右上2针并1针
（包扣）米灰色毛线 4个
编织完成处
1行
★起编线圈
装入纽扣接缝开口一侧
从四周挑52针
0.5（1行）
口袋
（反短针编织）纯色毛线
（扣带）米灰色毛线 4根
11（锁针25针）
包缝
接缝
护耳（单网眼针）米灰色毛线 2片
7.5（15针）
3针
3针
伏针收针
7（21行）
加针
1行
加针
起1.5（3针）
护耳
0.5（1行）
（反短针）纯色毛线
从四周挑44针
[帽子]
2针
6（16行）
9针
7（19行）
侧
帽子（上下针编织）
侧
起45（90针），将两侧编接起来
2.5（6行）
挑90针
0.5（1行）
挑90针
（单网眼针）
（反短针编织）纯色毛线
无加减针
2~1~5
4~1~1
1~1~1
行 针 次
减针
（帽子的减针）
2针
2针
1行
9针
9针
（绒球）米灰色毛线 2个
编织完成处
1行
★起编线圈
在剩余的20针中穿入毛线拧收起来
包缝
护耳
米灰色毛线2根
13（锁针30针）
包缝
绒球
2.5
穿入双股毛线拧收起来

21、22 圆形花的无扣短款上衣、帽子 P19

○帽子的编织方法请参照P91。

●材料

线：HAMANAKA Sonomono 粗花呢（粗线）米色毛线（72）200g、浅茶色毛线（73）45g

纽扣：20mm圆形包扣2个、12mm圆形子母扣2对

针：5/0号钩针

●针数

花样编织20针9行编织10cm²

●编织方法

[无扣短款上衣]

取单股毛线，使用5/0号钩针进行编织。

1 取米色毛线，在前后身片、衣袖编织花样。

2 订缝肩部，在领口和前侧编接花边A。

3 将袖山接缝于袖笼，拼缝前后身片和衣袖之间的骑缝印。将衣袖下面接缝起来，在袖口处编织花边B。

4 编织第1个饰样A，从第2个开始在第3行时使用引拔针钩接，将10个饰样呈带状包缝在前后身片的下摆处。

5 编织包扣，将纽扣与第4行接缝起来。在前领口处缝制上包扣和扣带，在搭门处缝制上子母扣。

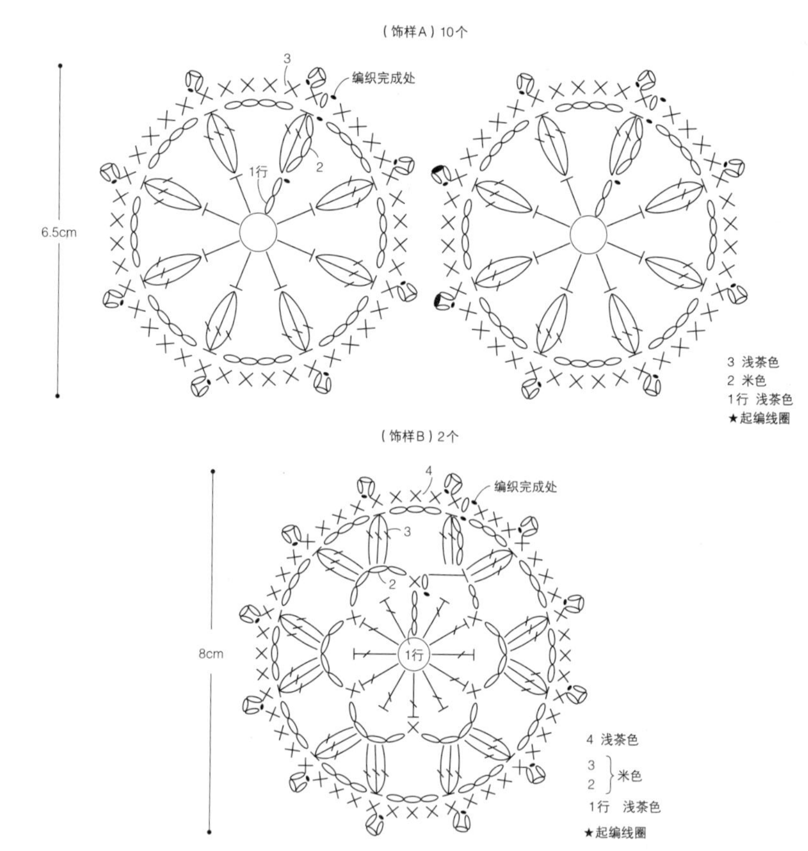

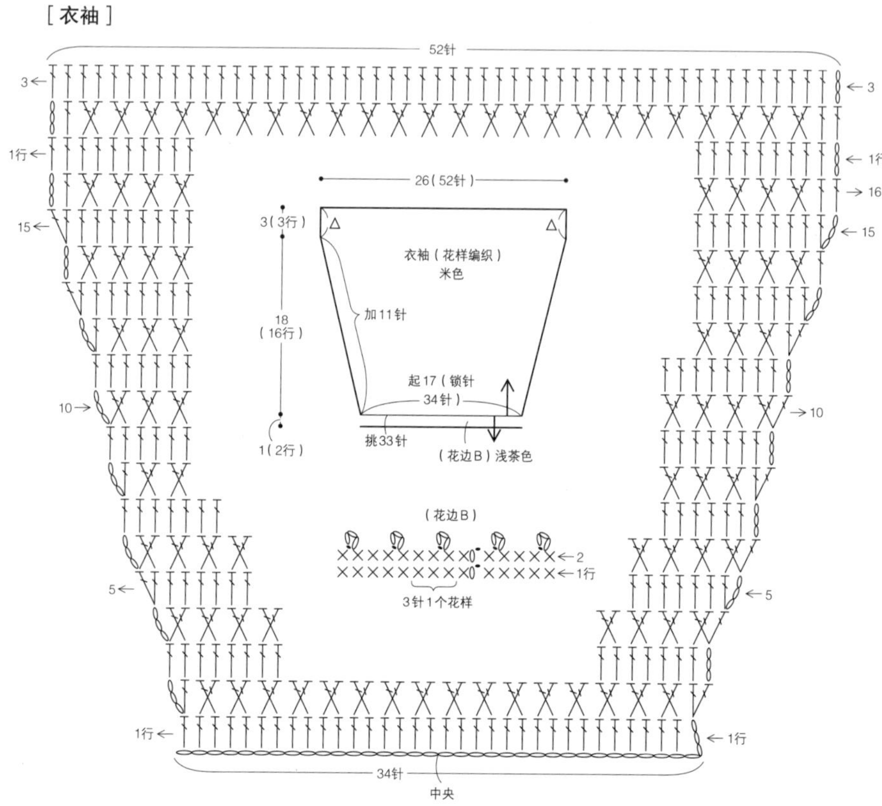

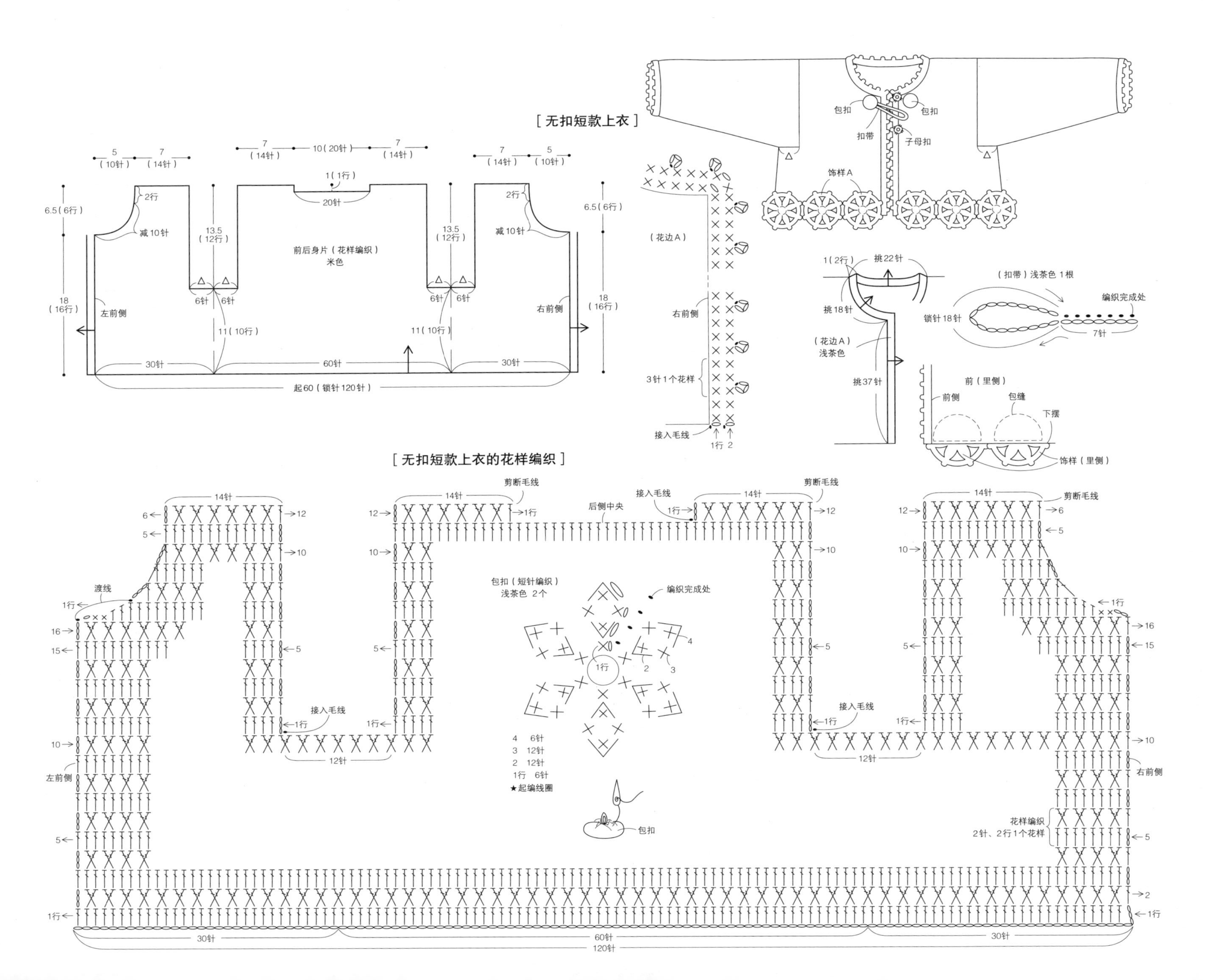
[无扣短款上衣]
前后身片（花样编织）
米色
左前侧
右前侧
减10针
2行
6.5（6行）
18（16行）
13.5（12行）
11（10行）
6针
30针
60针
起60（锁针120针）
5（10针）
7（14针）
10（20针）
1（1行）
20针
包扣
扣带
子母扣
饰样A
（花边A）
3针1个花样
接入毛线
1行 2
1（2行）
挑22针
挑18针
（花边A）
浅茶色
挑37针
（扣带）浅茶色 1根
编织完成处
锁针18针
7针
前（里侧）
前侧
包缝
下摆
饰样（里侧）
[无扣短款上衣的花样编织]
14针
12针
剪断毛线
后侧中央
渡线
花样编织
2针、2行1个花样
120针
包扣（短针编织）
浅茶色 2个
4 6针
3 12针
2 12针
1行 6针
★起编线圈

23 小白熊斗篷 P20

●材料

线：HAMANAKA可爱款婴儿用（中粗线）纯色毛线（2）200g、HAMANAKA Silk Mohair Parfait（中粗线）纯色毛线（1）45g

纽扣：12mm圆形子母扣3对

针：8号、6号棒针；5/0号钩针

●针数

使用8号、6号针各编织花样A和上下针17针24行，花样B20针26行10cm²

●编织方法

使用8号针编织斗篷主体、帽子、耳朵。取可爱款婴儿用毛线和Mohair毛线进行双股编织；花样A中的枣形针取可爱款婴儿用毛线进行单股编织（Mohair毛线在休针处于里侧编入）；使用6号针编织的花样B取可爱款婴儿用毛线进行单股编织。

1 斗篷使用另线起针，从花样编织起编。加上上下针编织28行，肩部一侧在将整体分为10块的左右处减针。

2 从斗篷上挑针，使用上下针编织耳朵，在第3行处通过挂针和右上2针并1针留出穿入饰带的孔，在帽顶的后侧中央减针。

3 解下下摆处的另一条毛线，挑针编织花样B。伏针收针后两折包缝，第7行的花样即变为小山形的折痕。

4 订缝帽顶一侧，从帽缘、前侧挑针编织花样B，包缝方法同下摆。

5 编织耳朵如图示缝制于帽子上。

6 编织饰带，穿入帽子上的饰带穿入孔、缝上绒球。

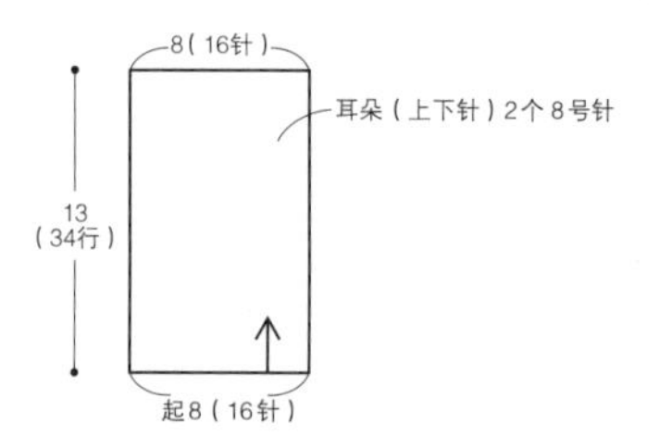

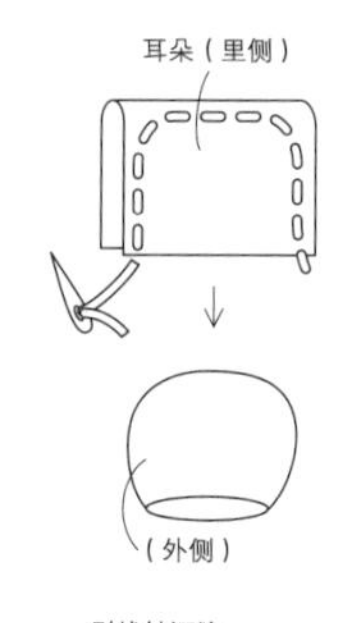

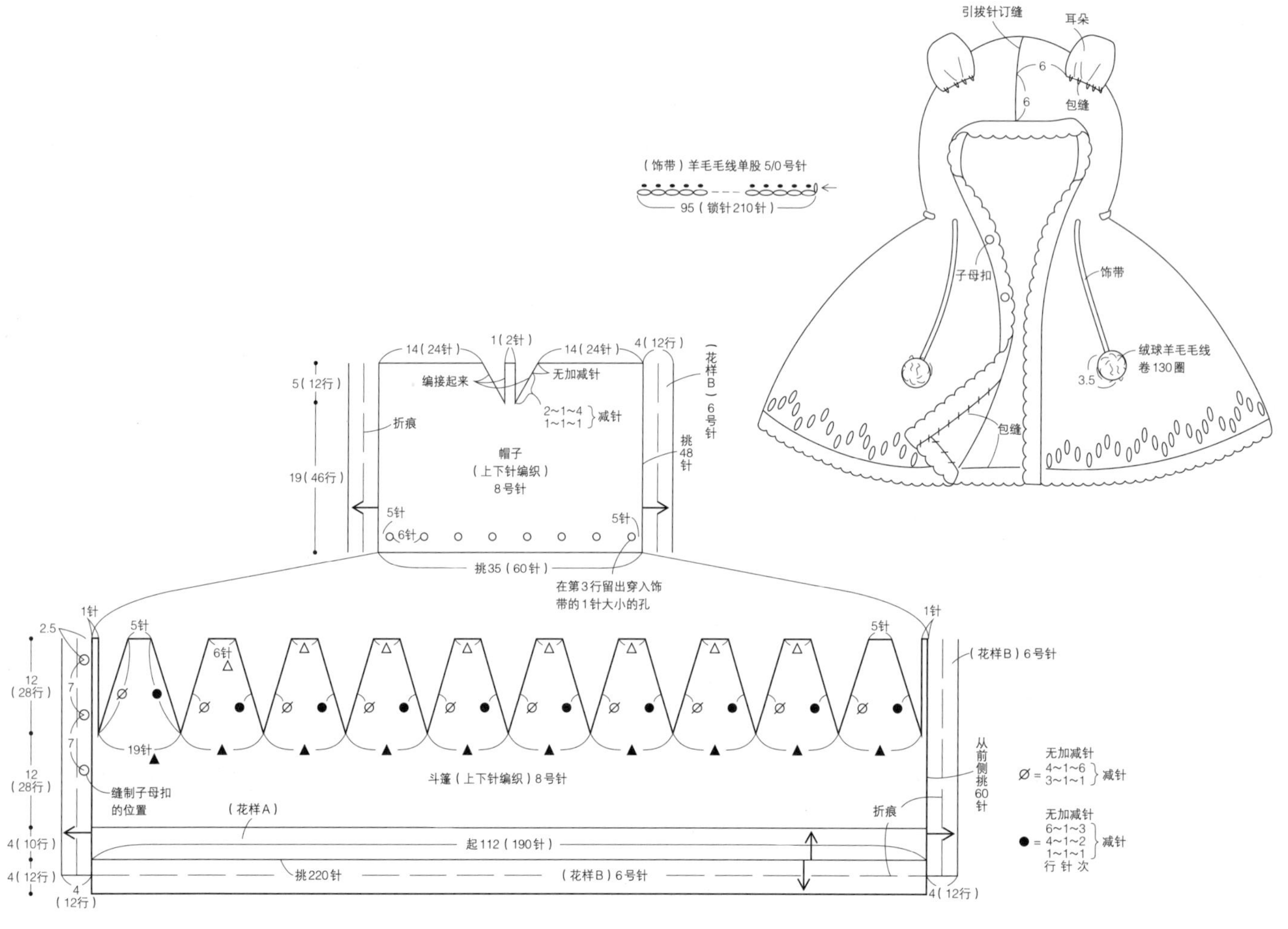

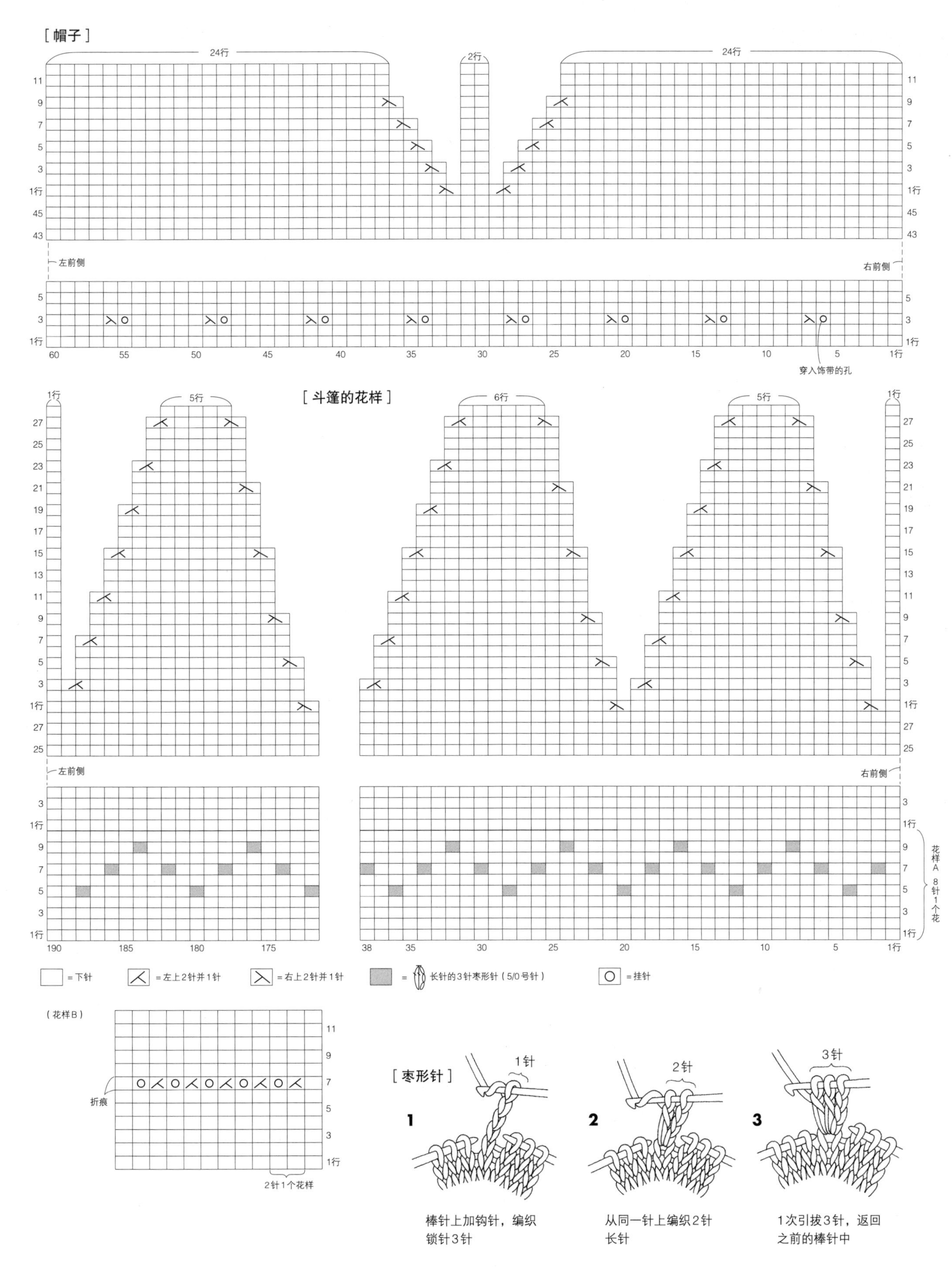
[帽子]
24行
2行
24行
左前侧
右前侧
穿入饰带的孔
[斗篷的花样]
5行
6行
5行
1行
花样A 8针1个花
= 下针
= 左上2针并1针
= 右上2针并1针
= 长针的3针枣形针（5/0号针）
= 挂针
（花样B）
折痕
2针1个花样
[枣形针]
1针
2针
3针
棒针上加钩针，编织锁针3针
从同一针上编织2针长针
1次引拔3针，返回之前的棒针中

24 钩针编织的褐色斗篷 P21

○纽扣和耳朵的编织方法请参照P45。

●材料

线：HAMANAKA可爱款婴儿用（中粗线）茶色毛线（25）170g、纯色毛线（2）110g

配件：55mm长木制棒形纽扣2个、直径12mm圆形子母扣3对

针：5/0号钩针

●针数

花样编织20针8行，长针编织19针9行各编织10cm^2

●编织方法

各取单股毛线，使用5/0号钩针进行编织。

1 下摆处起针编织8行花样。配色线不要剪断，纵向渡线，之后在编织花边第1行的时候编入。

2 编织好花样之后使用茶色毛线编织长针。左右两侧各留1针，共分成8块、每块24针，于第1行减1针剩23针，共计编织4行，在每块的左右减同样的针数，直至肩部。

3 从领口处编织帽子。编织17行，在编织完成处的5行后侧中央如图示处编织留角。

4 引拔针订缝帽顶一侧，在右前侧的下摆处接入纯色毛线编织花边。

5 编织耳朵、纽扣、扣带。折缝耳朵包缝于帽子上，将纽扣、扣带对应摆放好缝于前侧。

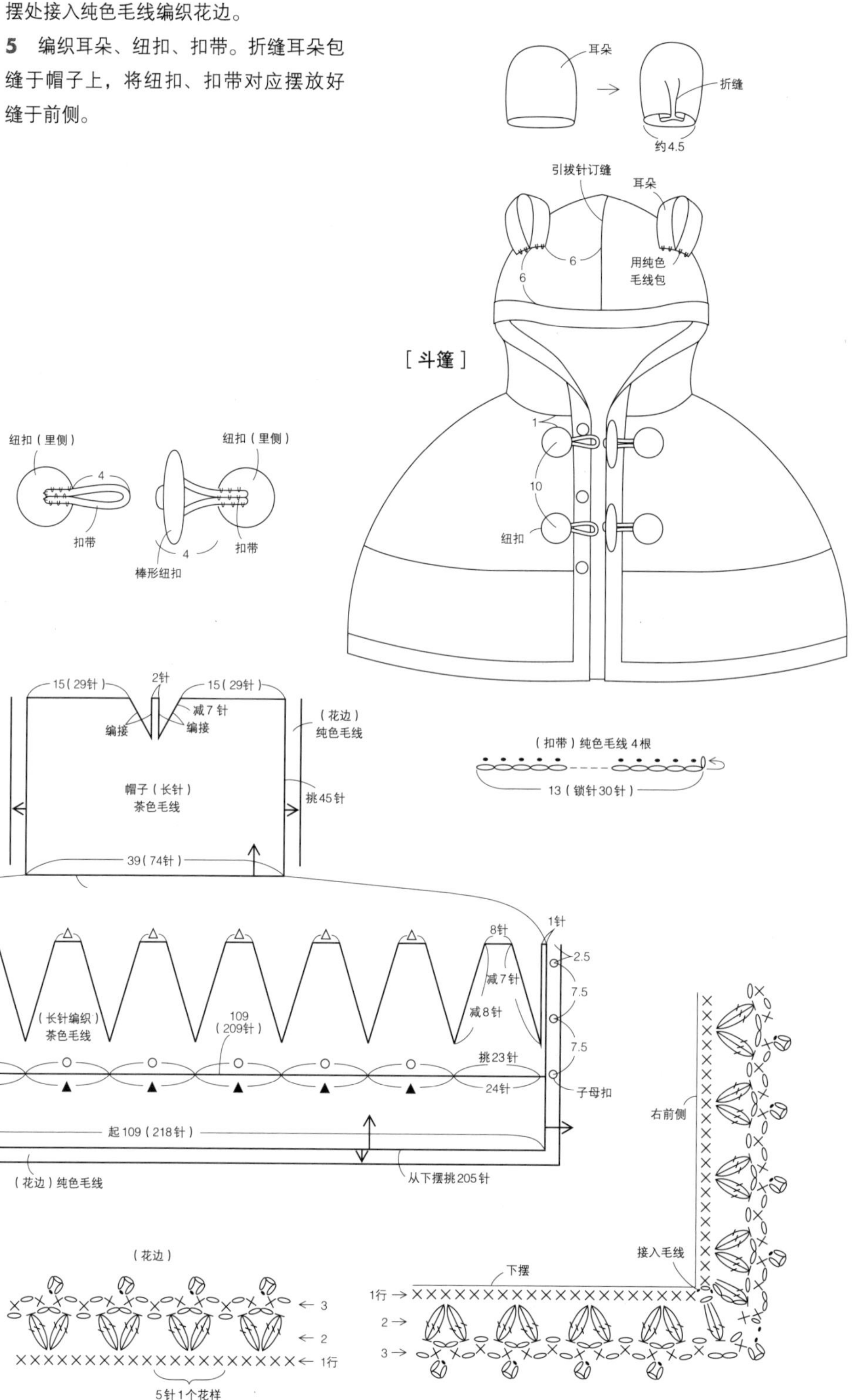

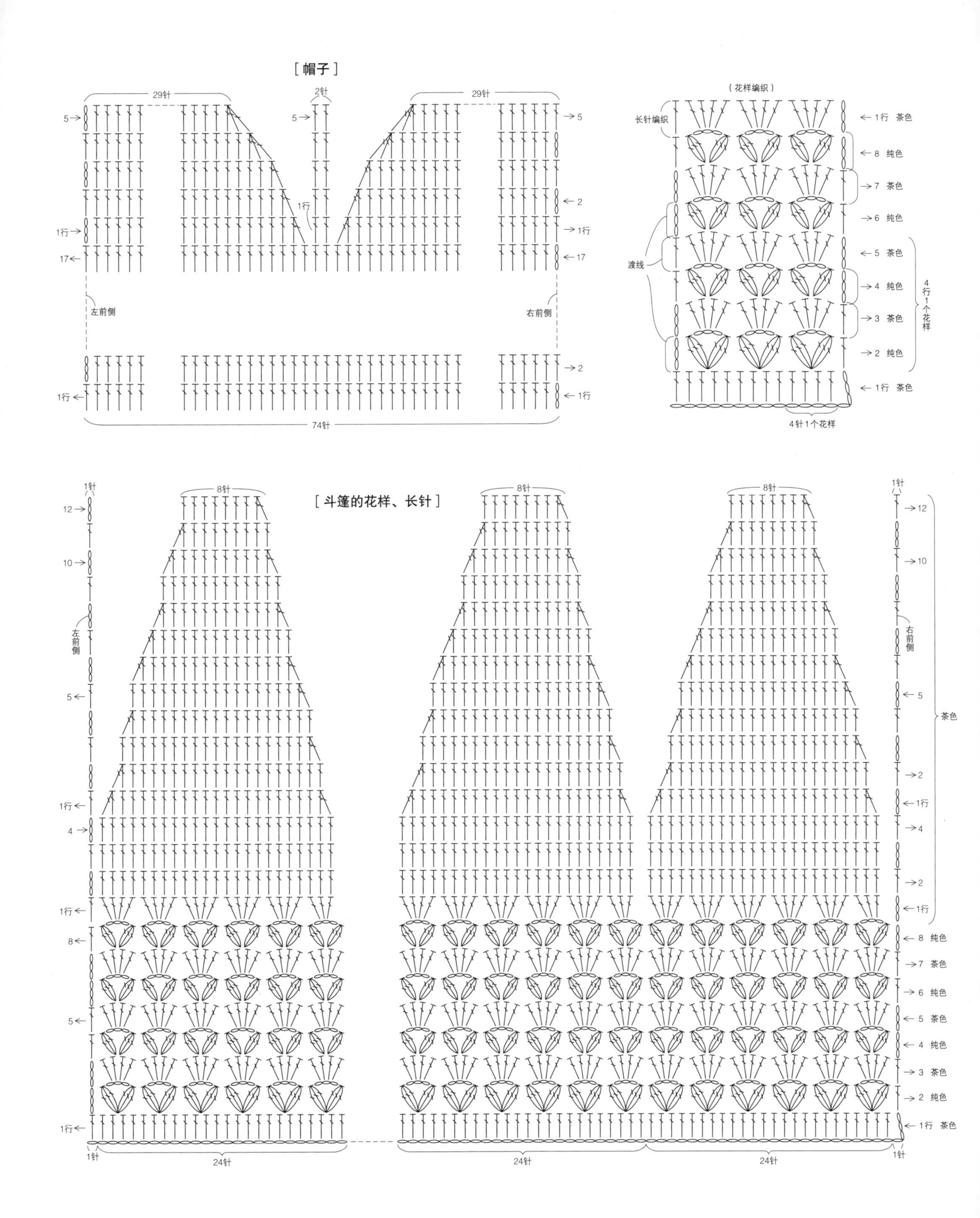

[帽子]
29针
2针
29针
5
1行
17
左前侧
右前侧
2
1行
74针
(花样编织)
长针编织
渡线
1行 茶色
8 纯色
7 茶色
6 纯色
5 茶色
4 纯色
3 茶色
2 纯色
1行 茶色
4行1个花样
4针1个花样
[斗篷的花样、长针]
1针
8针
12
10
左前侧
右前侧
4
茶色
24针

25、26 带花饰的背心、帽子 P22

●**材料**

线：HAMANAKA Fairlady50（粗线）纯色毛线（2）95g、三文鱼粉色毛线（51）65g

针：6号棒针、4/0号钩针

●**针数**

上下针编织20针26行编织10cm^2

●**编织方法**

取单股毛线，使用6号棒针编织背心的前后身片、帽子，使用4/0号钩针编织花边四周的短针、饰带、花饰。

［背心］

1 棒针起针，使用上下针编织的前后身片的镶边花纹。配色线在编织完成处不要剪断，纵向渡线编织。

2 编织完成处的肩部使用上针编织，伏针收针。

3 接缝腋下，在下摆处编织短针。

4 将领口、袖笼处的短针和引拔绳编接起来。在编接位置的右侧接入毛线编织锁针，使用引拔针回编，在领口以及袖笼处编入短针，从短针完成处编织锁针，使用引拔针回编。

5 编织第1个花饰，从第2个开始在第2行编入旁边的花饰中，将10个编连起来。重叠于背心的下摆处，使用纯色毛线穿入花瓣里侧拧收起来。

［帽子］

1 同背心一样起针使用环形针编织镶边花纹。在起编一侧和帽顶一侧2针并1针减针。

2 在帽顶剩余的10针中穿入毛线拧收，从起编一侧的起针处挑针短针编织。

3 同背心一样，编织10个连续的花饰，接缝于面部一侧。

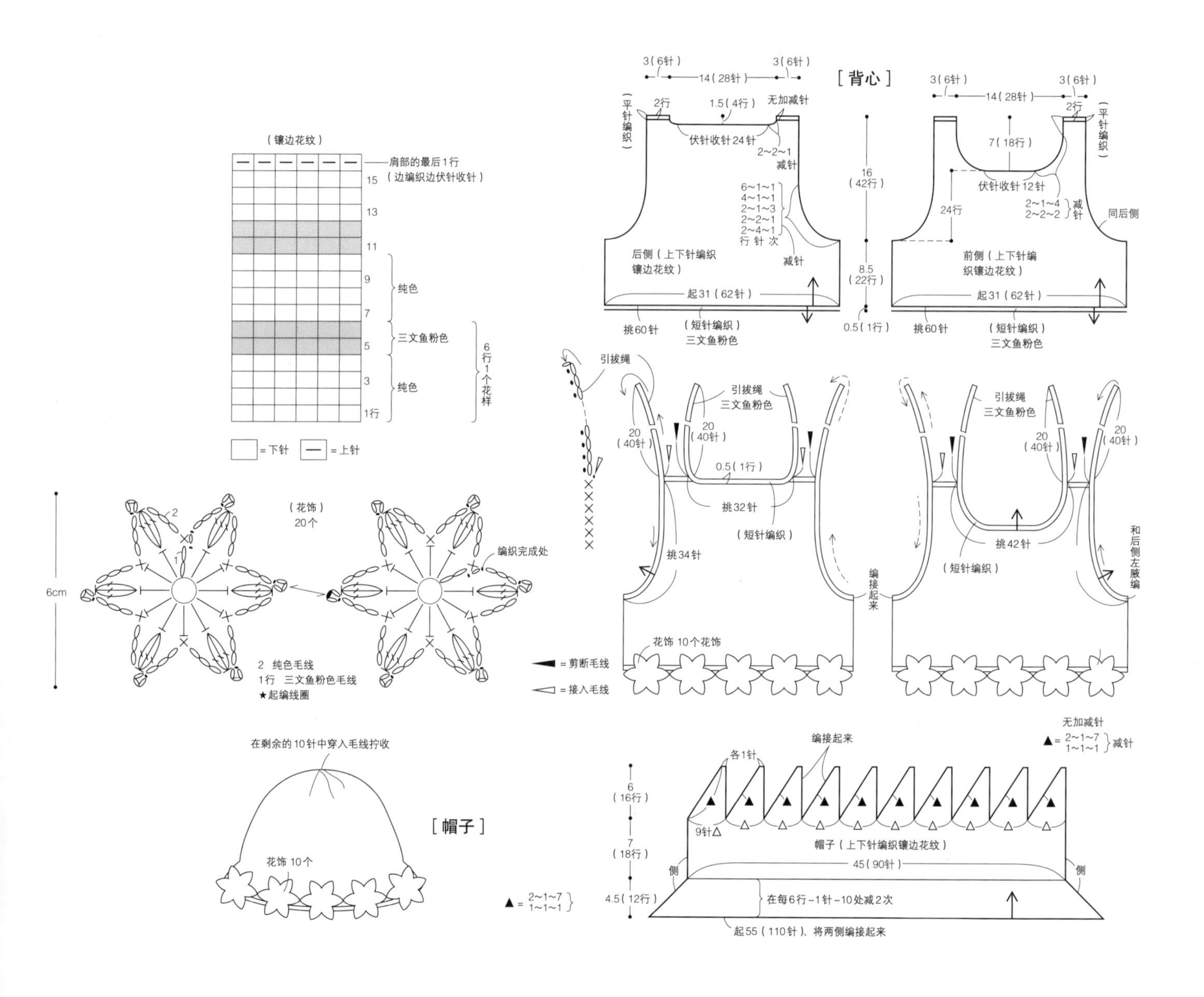

27 连帽拉链款背心 P23

●材料

线：HAMANAKA Fairlady50（粗线）纯色毛线（2）65g，灰色毛线（48）、浅绿色毛线（86）各55g

配件：26cm长的开式拉链

针：5号、6号棒针和5/0号钩针

●针数

上下针编织20针27行编织$10cm^2$

●编织方法

取单股毛线，使用6号棒针上下针编织，使用5号棒针罗纹针编织，使用5/0号钩针在口袋周围进行短针编织。

1 另线起针，取灰色毛线和纯色毛线，使用上下针编织前后身片。

2 订缝肩部、接缝腋下，从前后领口处挑针编织帽子。在后侧中央2针两侧处如图示加减针。

3 将帽子反叠起来，引拔针订缝帽顶一侧。

4 拆掉下摆处的起针，挑针单罗纹针编织，使用单罗纹针收针。在左前侧、帽子面部一侧和袖笼处也用单罗纹针编织。

5 左右对称编织口袋，在周围短针编织，接缝于前身片。

6 使用毛线将拉链反缝于前侧，将绒球缝接到拉链头上。

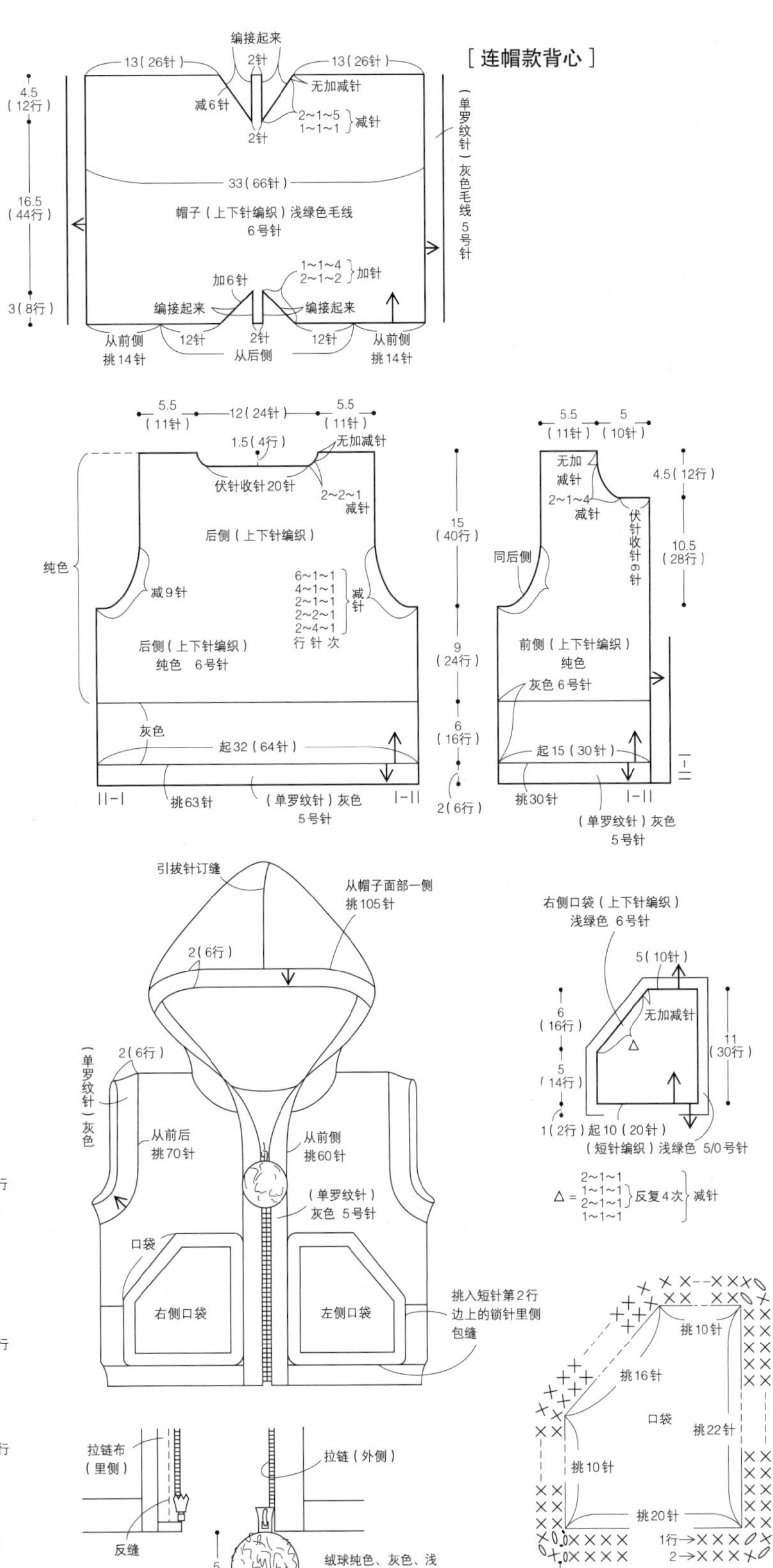

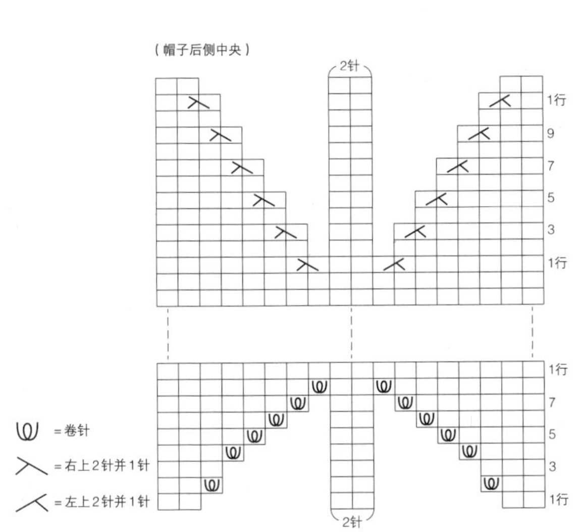

●材料

线：HAMANAKA Wash Cotton（中粗线）浅紫色毛线（7）315g（连衣裙170g、短裤110g、帽子35g）、纯色毛线（2）70g（连衣裙50g、帽子15g、短裤5g）

纽扣：12mm圆形纽扣6个、10mm圆形子母扣2对

配件：2cm宽的扁松紧带46cm

针：5号、6号棒针和5/0号钩针

●针数

花样编织、上下针编织23针28行各10cm^2

●编织方法

取单股毛线，使用6号针编织花样、上下针，使用5号针编织平针，使用5/0号钩针编织短针、衣领处的花边。

［连衣裙］

1 棒针起针，取浅紫色毛线使用花样A和B编织裙子；取浅紫色和纯色毛线使用花样C编织身片、衣袖。

2 裙子编织完64行花样B后伏针收针，平均编织1针、2针并1针减针编接身片。

3 在前侧编织平针，订缝肩部，接缝腋下、衣袖下面，缝制上衣袖。

4 编织衣领和护胸，衣领一侧将花边重叠包缝于领口里侧。将护胸边侧处的针目包缝于右领口。

5 将纽扣缝于左前侧、子母扣缝于护胸处。

［短裤］

1 参照P93编织短裤，另线起针编织。

2 编织同样的左右2片裤腿，拼缝立裆、下裆，拆掉下摆处的锁针挑针，使用钩针编织花边。第1行通过短针2针并1针边减针边编织，共编织2~3行。

3 翻折腰部的往返编织，穿入缝接起来的扁松紧带包缝起来。

［帽子］

1 在浅紫色毛线的上下针上环形编织，帽顶一侧在8处减针。

2 比对编织好的帽子里侧挑针，使用纯色毛线往返短针编织，均匀加针。

3 在帽檐处使用刺绣针进行平针绣，翻折于外侧。

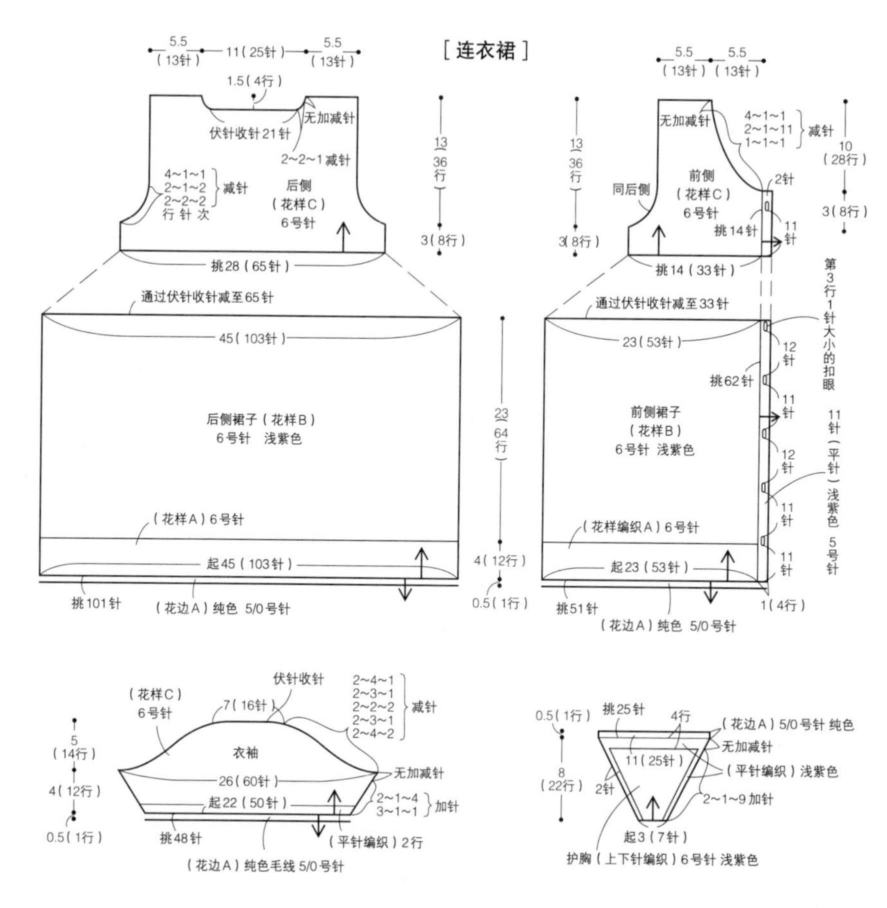

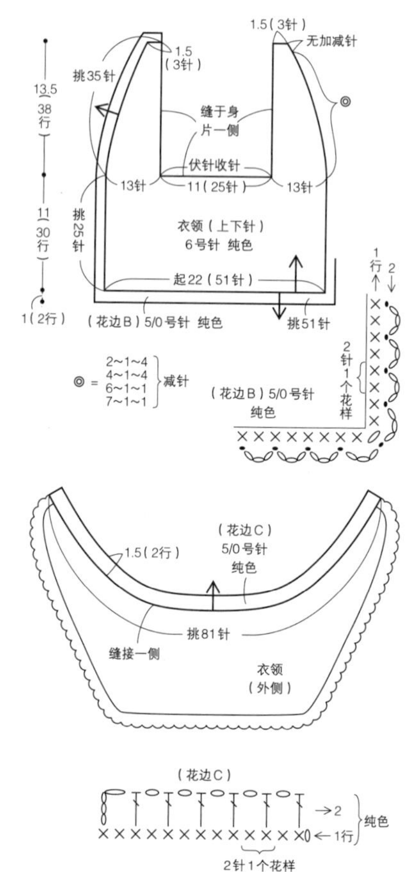

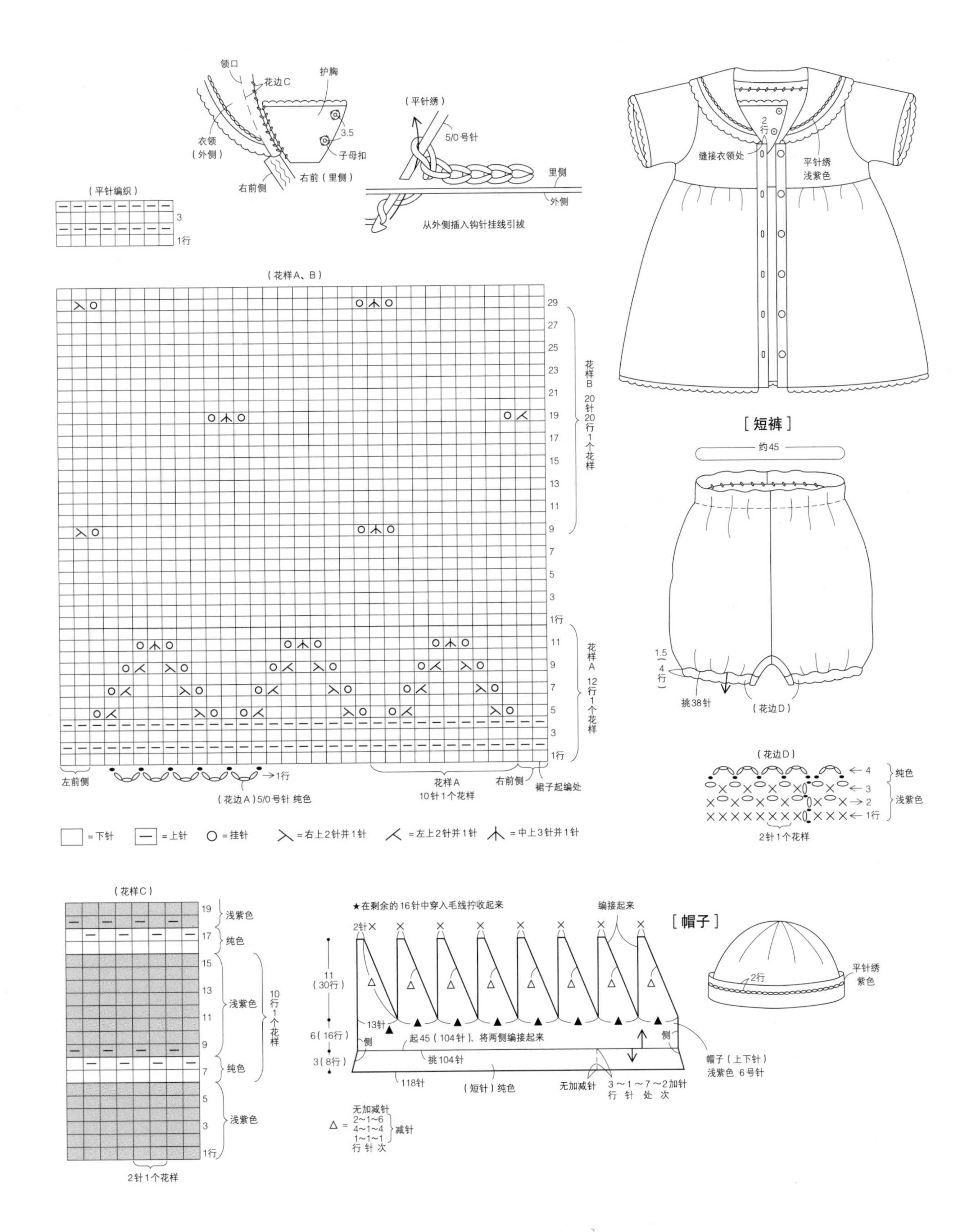
领口
花边C
护胸
衣领
(外侧)
3.5
子母扣
右前侧
右前(里侧)
(平针绣)
5/0号针
里侧
外侧
从外侧插入钩针挂线引拔
(平针编织)
3
1行
2
行
缝接衣领处
平针绣
浅紫色
(花样A、B)
花样B
20针20行1个花样
花样A
12行1个花样
左前侧
(花边A)5/0号针 纯色
花样A
10针1个花样
右前侧
裙子起编处
= 下针
= 上针
= 挂针
= 右上2针并1针
= 左上2针并1针
= 中上3针并1针
[短裤]
约45
1.5
4行
挑38针
(花边D)
纯色
浅紫色
2针1个花样
(花样C)
浅紫色
纯色
10行1个花样
2针1个花样
★在剩余的16针中穿入毛线拧收起来
编接起来
2针
11
(30行)
13针
6(16行)
侧
起45(104针)、将两侧编接起来
3(8行)
挑104针
118针
(短针)纯色
无加减针
3～1～7～2加针
行 针 处 次
帽子(上下针)
浅紫色 6号针
[帽子]
2行
平针绣
紫色
无加减针
2～1～6
4～1～4
1～1～1
行 针 次
减针

31、32、33 开衫水手服套装 P25

○短裤的编织方法请参照P93。

●材料

线：HAMANAKA Wash Cotton（中粗线）浅紫色毛线（7）230g（开衫90g、短裤110g、帽子30g）、纯色毛线（2）90g（开衫70g、短裤5g、帽子15g）

纽扣：13mm圆形纽扣4个、10mm圆形子母扣2对

配件：2cm宽的扁松紧带46cm

针：4号和6号棒针、5/0号钩针

●针数

花样编织、上下针编织23针28行各10cm²

●编织方法

取单股毛线，使用6号针花样编织、上下针编织、平针编织，使用4号针单网眼针编织，使用5/0号钩针短针编织、衣领处进行花边编织。

［开衫］

1 另线起针，身片和衣袖进行花样编织。用于花样编织配色的毛线在右侧纵向渡线。

2 在左右前侧进行单网眼针编织，缝合肩部、身片和袖山之间的骑缝印，接缝衣袖下面、腋下。

3 编织衣领和护胸，衣领一侧将花边重叠包缝于领口处。

4 将纽扣缝于右前侧、子母扣缝于护胸处。

［帽子］

参照P75编织帽子。

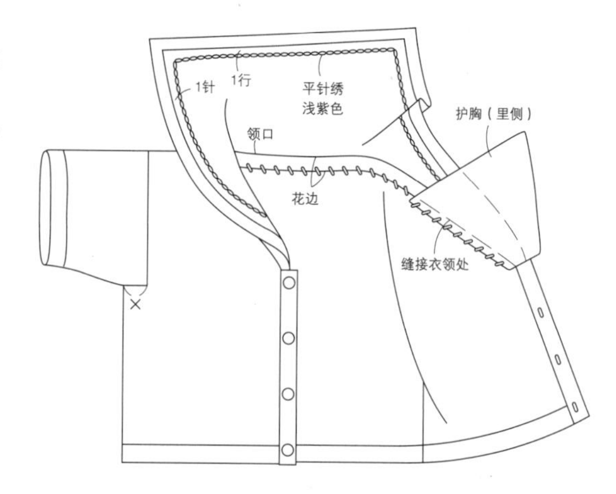

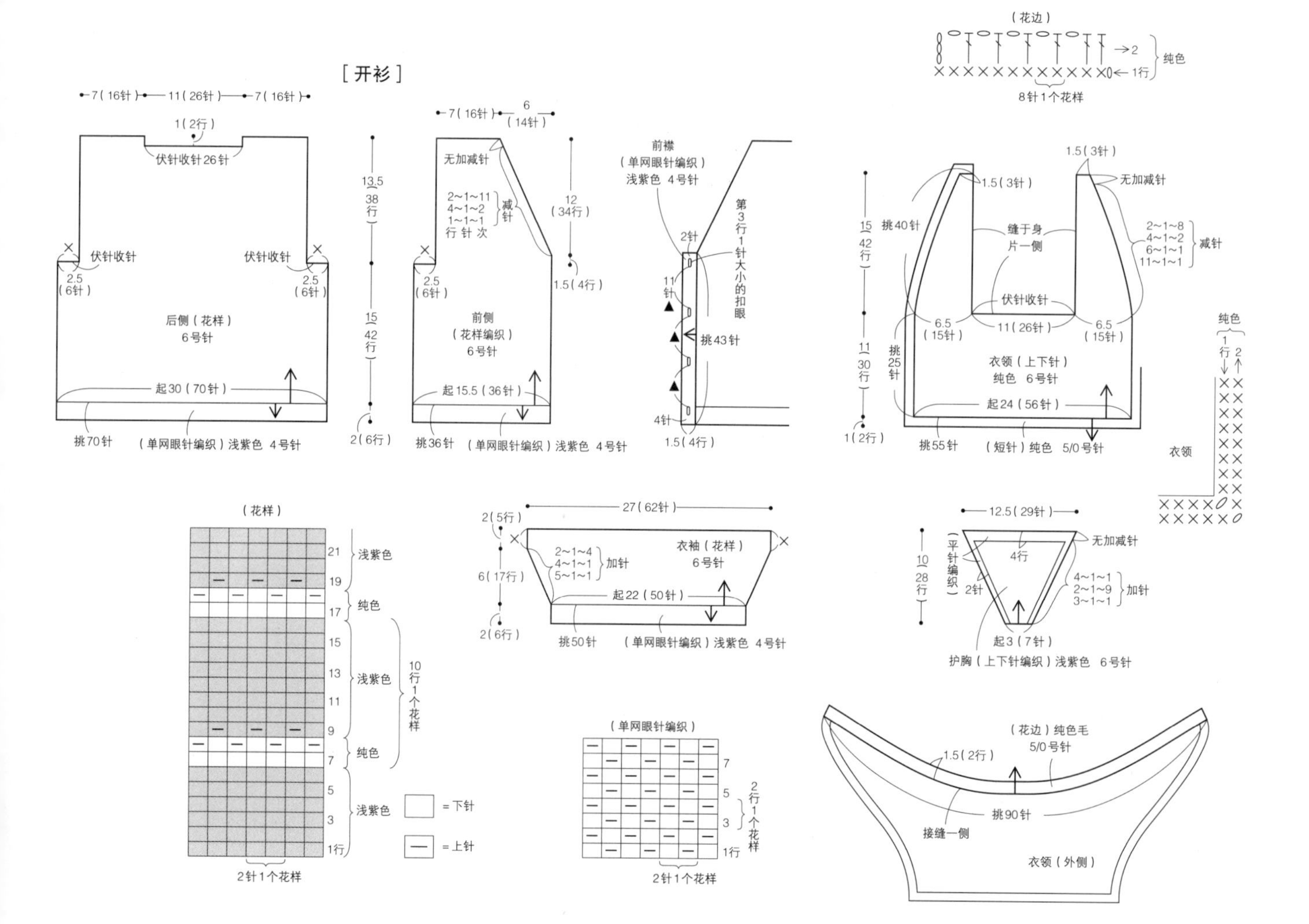

36 碎花刺绣套装中的背心裙 P26

○材料、短款开衫的编织方法等请参照P78。

●编织方法

1 参照P79从裙子开始进行花样编织。编织完腋上的8行后，边伏针收针边进行30次2针并1针、单针编织11针减至41针。

2 从裙子的伏针收针处挑针，使用上下针编织后育克、花样B编织前育克。

3 订缝肩部、接缝腋下，在后襟、领口、袖笼处编织花边。

4 在前育克处同短款开衫一样进行刺绣。

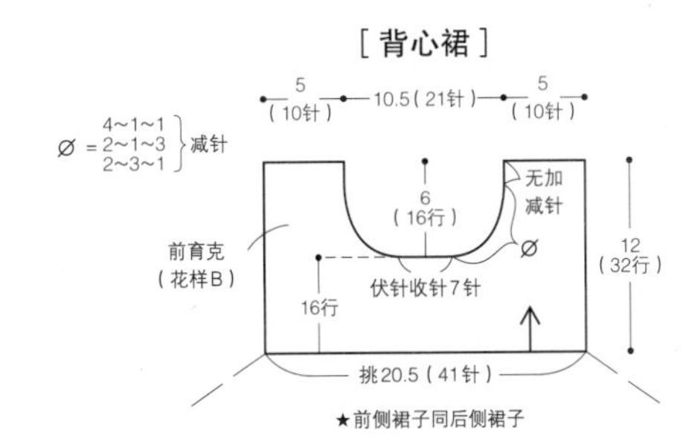

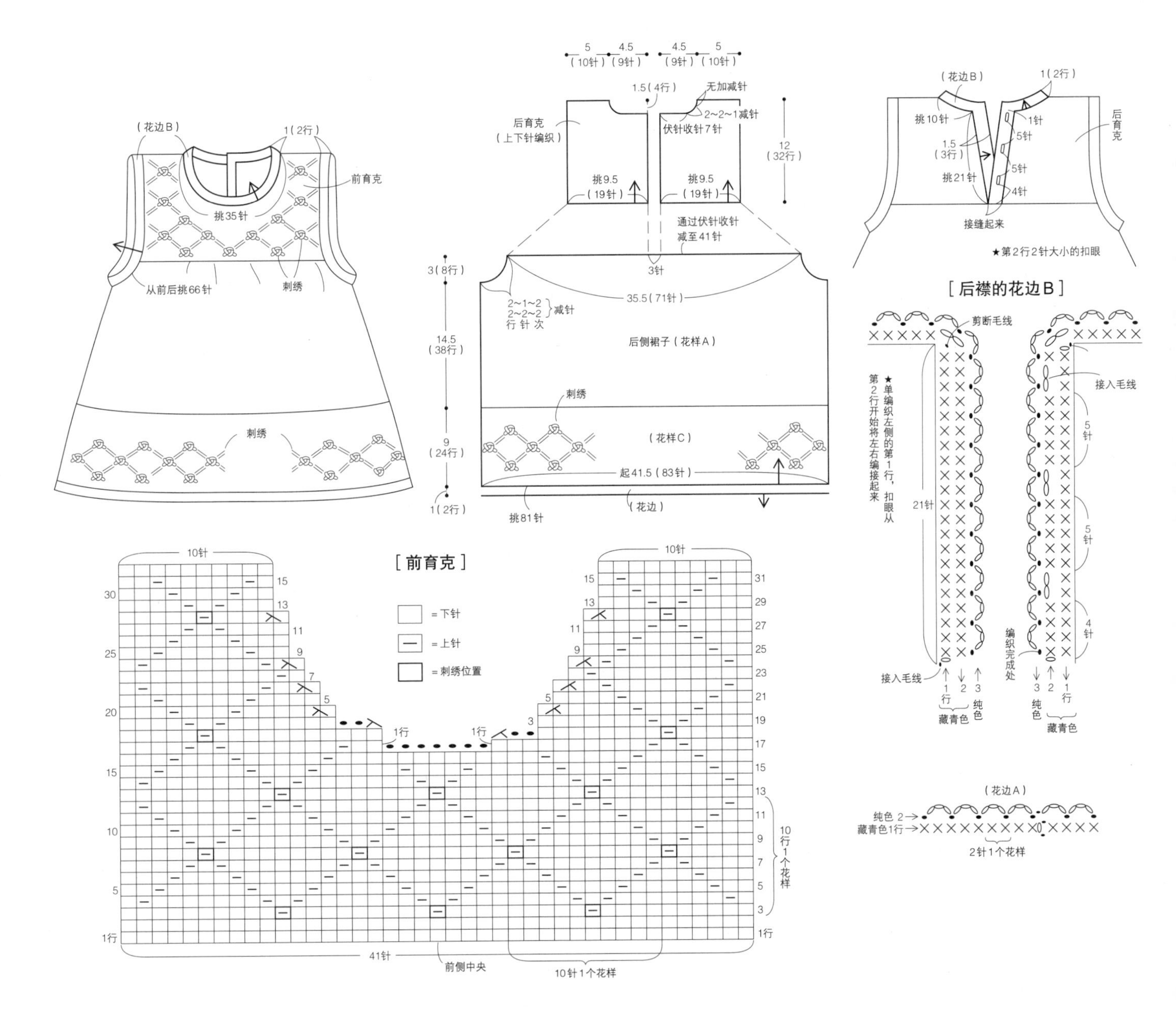

34、35、36 碎花刺绣套装 P26

○背心裙的编织方法请参照P77。

●材料

线：HAMANAKA Fairlady50（粗线）藏青色毛线（28）短款开衫用110g、背心裙用140g，纯色毛线（2）25g，嫩绿色毛线（13）、Wanpaku Denisu（粗线）黄色毛线（43）各少许

纽扣：13mm圆形纽扣6个

配件：黑色细发箍

针：6号棒针、5/0号钩针

●针数

花样A、B 20针26行各10cm²

●编织方法

［短款开衫］

取单股毛线，使用6号棒针进行短款开衫、背心裙的花样编织、上下针编织，使用5/0号钩针进行花边编织。

1 棒针起针，使用花样A编织后身片、衣袖，花样A、B编织前身片。前身片下摆处的曲线部分使用卷针每2行进行加针。

2 订缝肩部，接缝腋下、衣袖下面，在袖口、领口、前侧和下摆处进行花边编织，接缝衣袖。

3 使用手缝针在左右前身片处绣织玫瑰花。

［发箍］

1 使用纯色毛线编织3个花饰。

2 将花饰缝于发箍上。

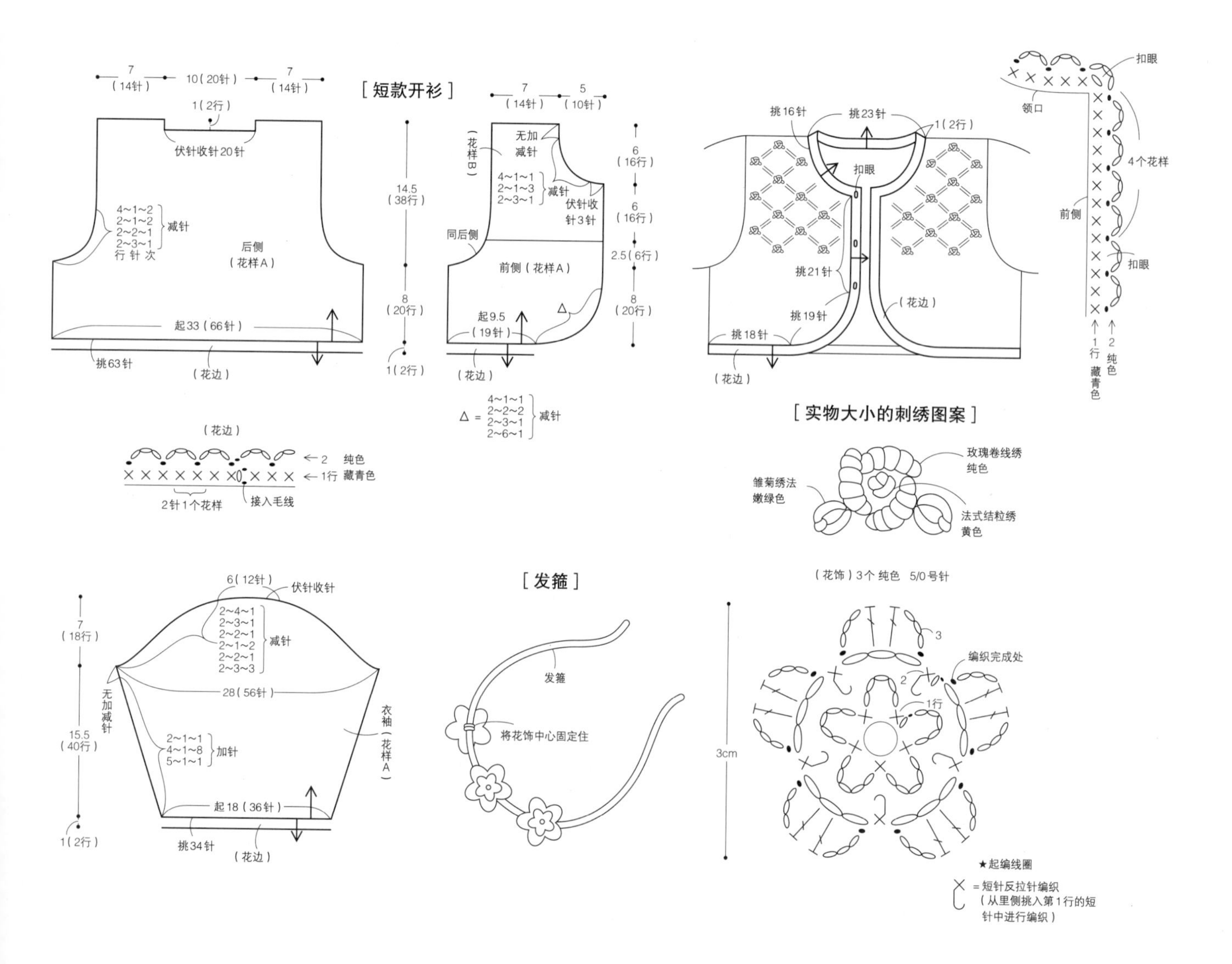

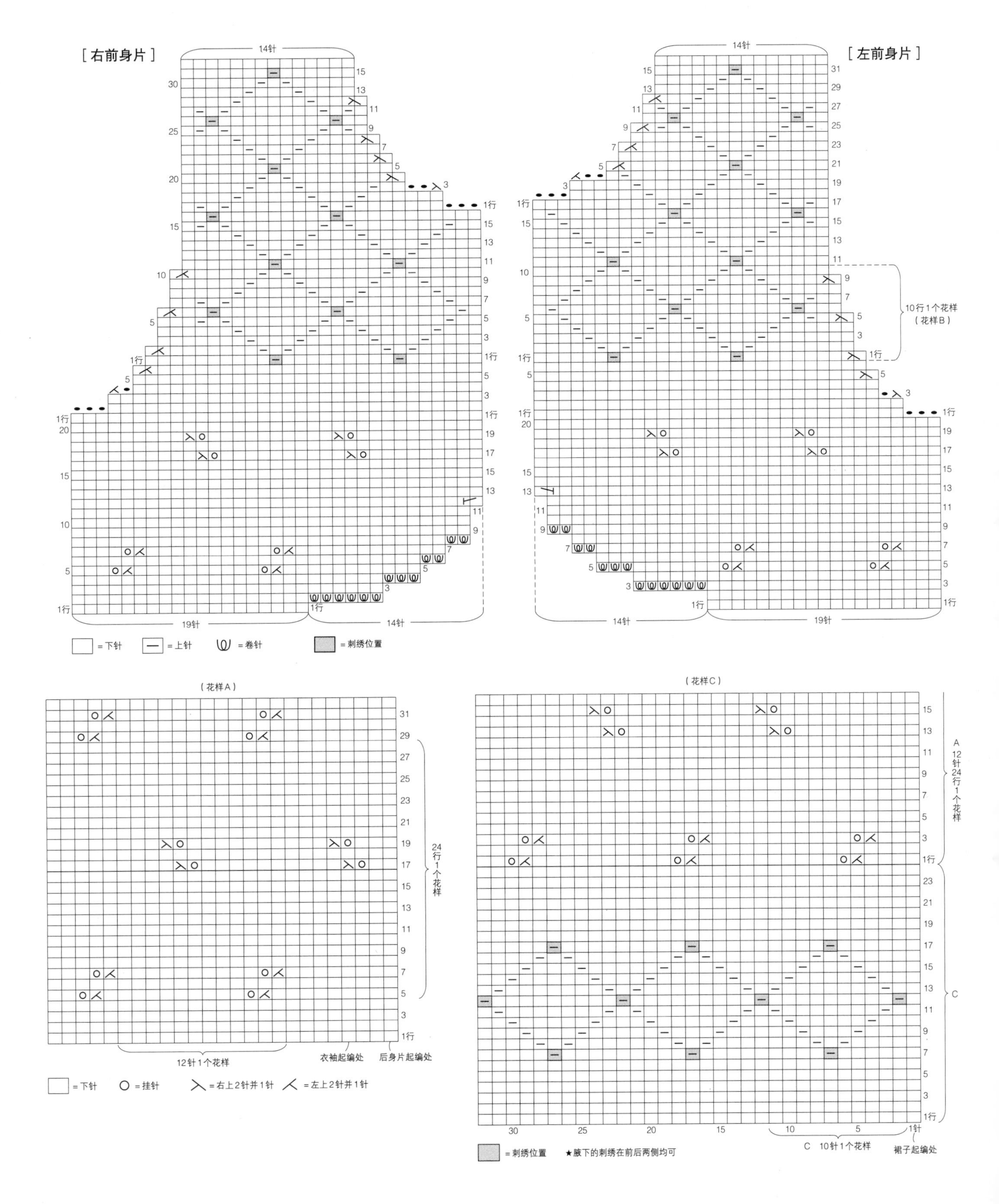

[右前身片]
[左前身片]
14针
19针
= 下针
= 上针
= 卷针
= 刺绣位置
10行1个花样（花样B）
（花样A）
24行1个花样
12针1个花样
衣袖起编处
后身片起编处
= 下针
= 挂针
= 右上2针并1针
= 左上2针并1针
（花样C）
A 12针24行1个花样
C
C 10针1个花样
裙子起编处
= 刺绣位置
★腋下的刺绣在前后两侧均可

37 蝴蝶结连衣裙 P27

○饰带的编织方法请参照P93。

●材料

线：HAMANAKA Fairlady50（粗线）纯色毛线（2）150g，灰色毛线（48）、深灰色毛线（49）、黑色毛线（50）各40g

纽扣：13mm圆形纽扣2个

针：5/0号、6/0号钩针

●针数

花样编织A 20针8.5行编织10cm²

●编织方法

取单股毛线，使用5/0号钩针编织裙子的1~16行，使用6/0号针编织17～26行，使用5/0号钩针编织剩余的行数。

1 取纯色毛线，用花样A编织前后身片、衣袖。

2 订缝身片肩部、接缝腋下，钩入身片起针的锁针处挑针，使用花样B将前后侧裙子编接起来。配色线不要剪断，在起编位置纵向渡线编织条纹花样。使用5/0号针编织1～16行，从17行开始使用6/0号针编织，使下摆显得较为蓬松。

3 编织完短针后编织接边，在领口处编织花边。

4 将衣袖下面接缝起来，袖口处编织花样，将袖山接缝于身片的袖笼处。

5 编织饰带，如图所示结成蝴蝶结，接缝于前侧腰部。

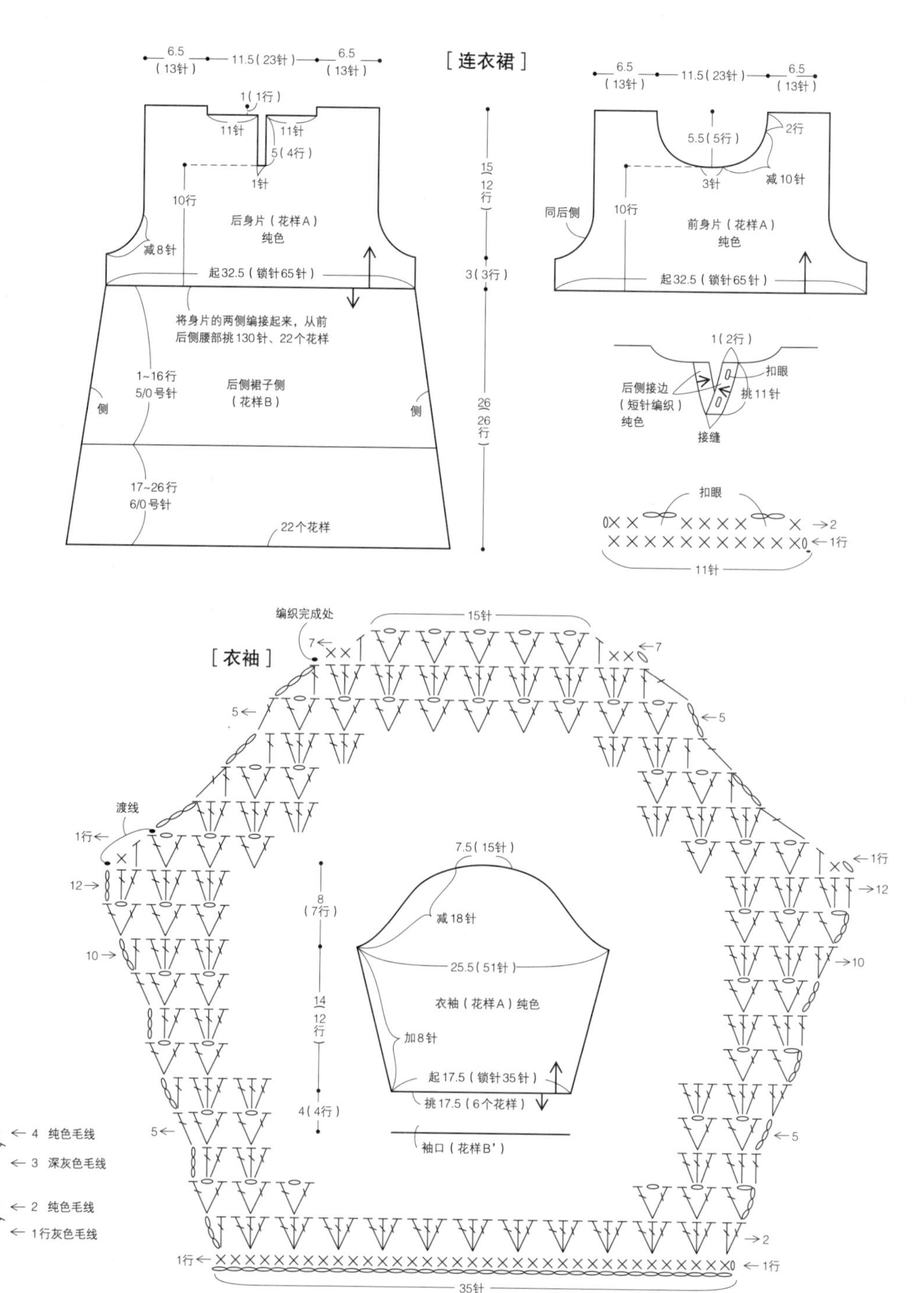

（花样B'）

4 纯色毛线
3 深灰色毛线
2 纯色毛线
1行灰色毛线

6针1个花样 仅最后5针1个花样

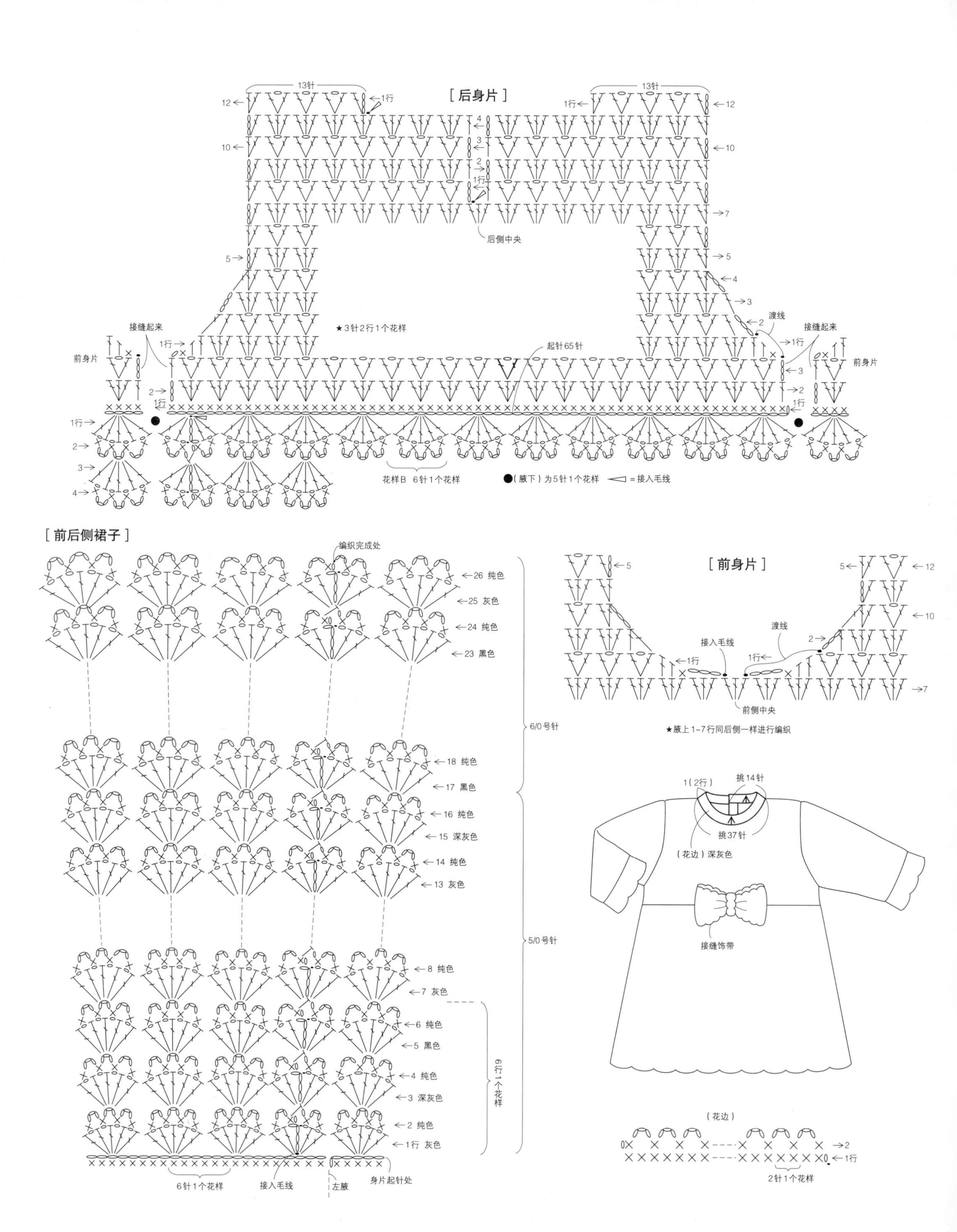
[后身片]
13针
1行
后侧中央
★3针2行1个花样
接缝起来
前身片
渡线
起针65针
花样B 6针1个花样
●(腋下)为5针1个花样
= 接入毛线
[前后侧裙子]
编织完成处
26 纯色
25 灰色
24 纯色
23 黑色
18 纯色
17 黑色
16 纯色
15 深灰色
14 纯色
13 灰色
8 纯色
7 灰色
6 纯色
5 黑色
4 纯色
3 深灰色
2 纯色
1行 灰色
6/0号针
5/0号针
6行1个花样
6针1个花样
接入毛线
左腋
身片起针处
[前身片]
接入毛线
前侧中央
★腋上1~7行同后侧一样进行编织
1(2行)
挑14针
挑37针
(花边)深灰色
接缝饰带
(花边)
2针1个花样

38、39 方格款开衫、帽子 P28

○花边和帽子的编织方法请参照P87。

●材料

线：HAMANAKA 4PLY（中细线）粉紫色毛线（333）170g

纽扣：12mm圆形纽扣5个

配件：0.6cm宽的紫色缎纹饰带155cm

针：3/0号钩针

●针数

花样编织A、B28针12行各编织10cm²

●编织方法

取单股毛线使用3/0号钩针进行编织。

[开衫]

1 使用花样A、B编织身片、衣袖。有着长针4针的爆米花针的一面为正面。

2 在身片下摆处编织花边A，然后在花样A的第4行处编接花边A'。手持下摆花边正面挑入第1行短针的头针编织短针，与第2行反向编织。

3 订缝肩部，在领口处使用花样C编织衣领。在前侧编织花边C，分别在领口和前侧的第1行处编织花边C'。

4 将衣袖下面接缝起来，在袖口处编织花边B，接缝于衣袖。使用环形编织将同身片下摆处一样的花边B'编接于衣袖花样A的第4行处。

5 使用双股毛线将纽扣订缝在左前侧，将饰带穿入衣领第2行的针目中。

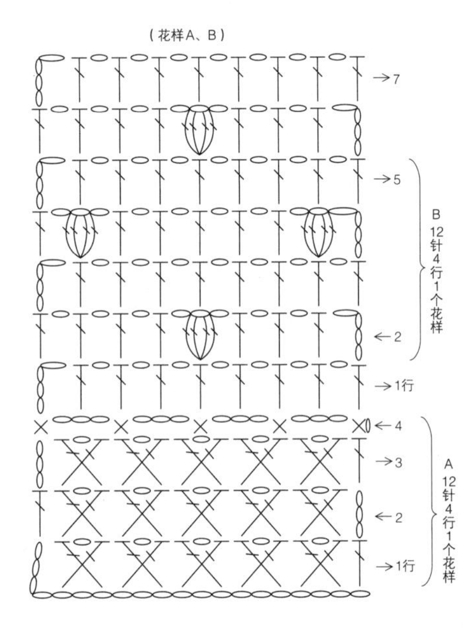

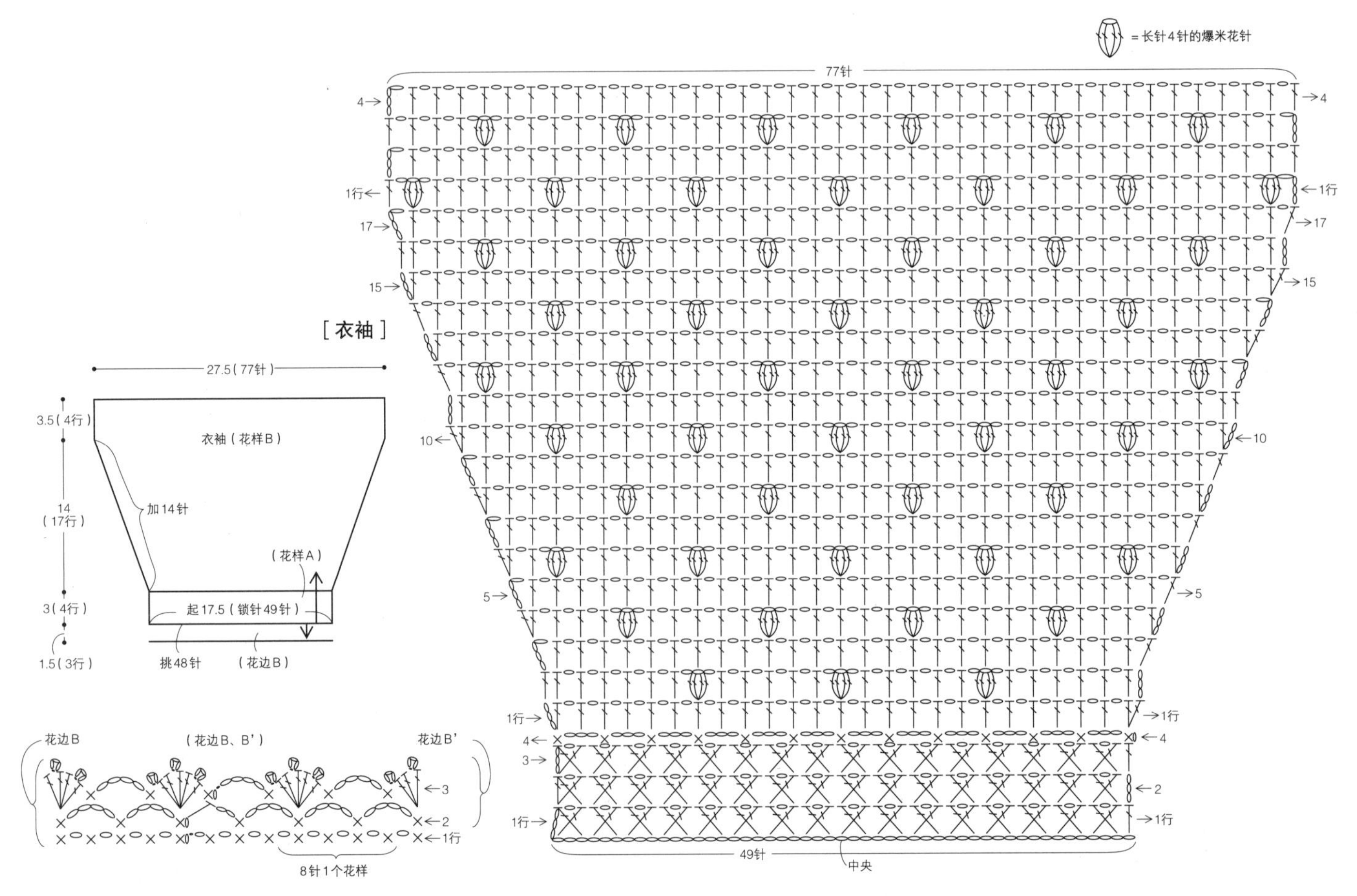

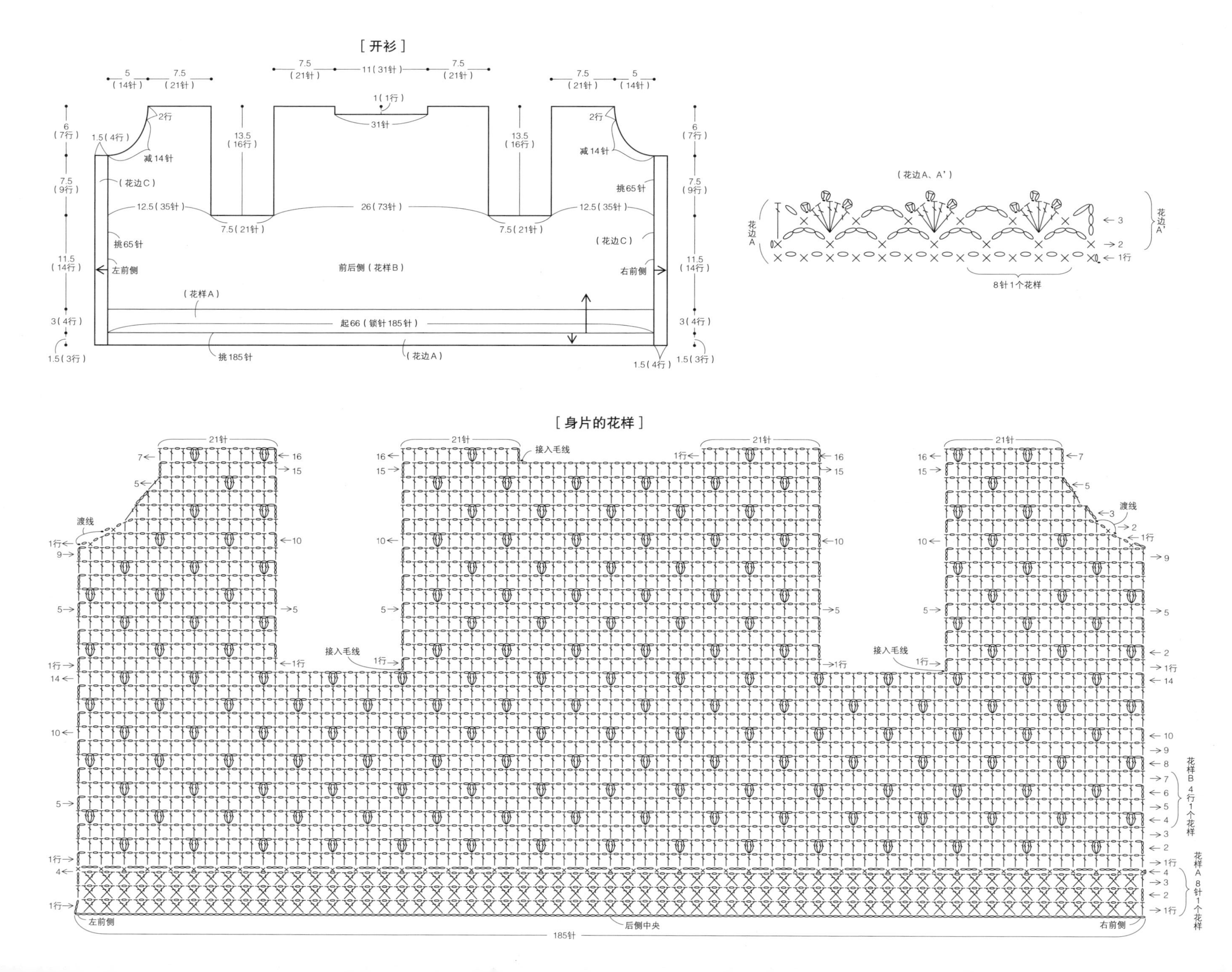
[开衫]
5 (14针)
7.5 (21针)
11 (31针)
1 (1行)
31针
2行
减14针
1.5 (4行)
6 (7行)
7.5 (9行)
11.5 (14行)
3 (4行)
1.5 (3行)
13.5 (16行)
(花边C)
12.5 (35针)
26 (73针)
7.5 (21针)
挑65针
左前侧
前后侧（花样B）
右前侧
(花样A)
起66（锁针185针）
挑185针
(花边A)
(花边A、A')
花边A
花边A'
8针1个花样
1行
[身片的花样]
21针
接入毛线
渡线
1行
花样B 4行1个花样
花样A 8针1个花样
左前侧
后侧中央
右前侧
185针

40、41 网眼款连衣裙、手提包 P29

○衣袖、花饰、手提包的编织方法请参照P86。

●材料

线：HAMANAKA Exceed Wool FL（中粗线）红色毛线（223）250g、纯色毛线（201）15g

HAMANAKA纯毛（中细线）粉色毛线（13）20g、纯色毛线（1）10g、绿色毛线（22）10g

纽扣：13mm圆形纽扣4个

针：3/0号、5/0号钩针

●针数

花样编织A22针13行，花样编织B22针14行各编织10cm²

●编织方法

取单股Exceed Wool毛线，使用5/0号针编织连衣裙、手提包；取单股中细款毛线，使用3/0号针编织花饰。

[连衣裙]

1 在腰部起针，朝裙子下摆前后侧编织花样A，在腋部的左右3处加针。

○为了使裙子的花样A中有褶皱，使用3针1个花样起编。

2 前后身片从裙子的起针一侧挑针编织花样B。

3 衣袖使用同裙子一样的花样从袖山处起编。

4 订缝肩部、接缝腋下，在下摆处编织花边A。在后衣襟处进行短针编织接边、领口处编织花边B。

5 将衣袖下面接缝起来，在袖口处编织花边A，将衣袖接缝在袖笼处。

6 编织花饰，在前领口包缝1个、下摆周边包缝10个。

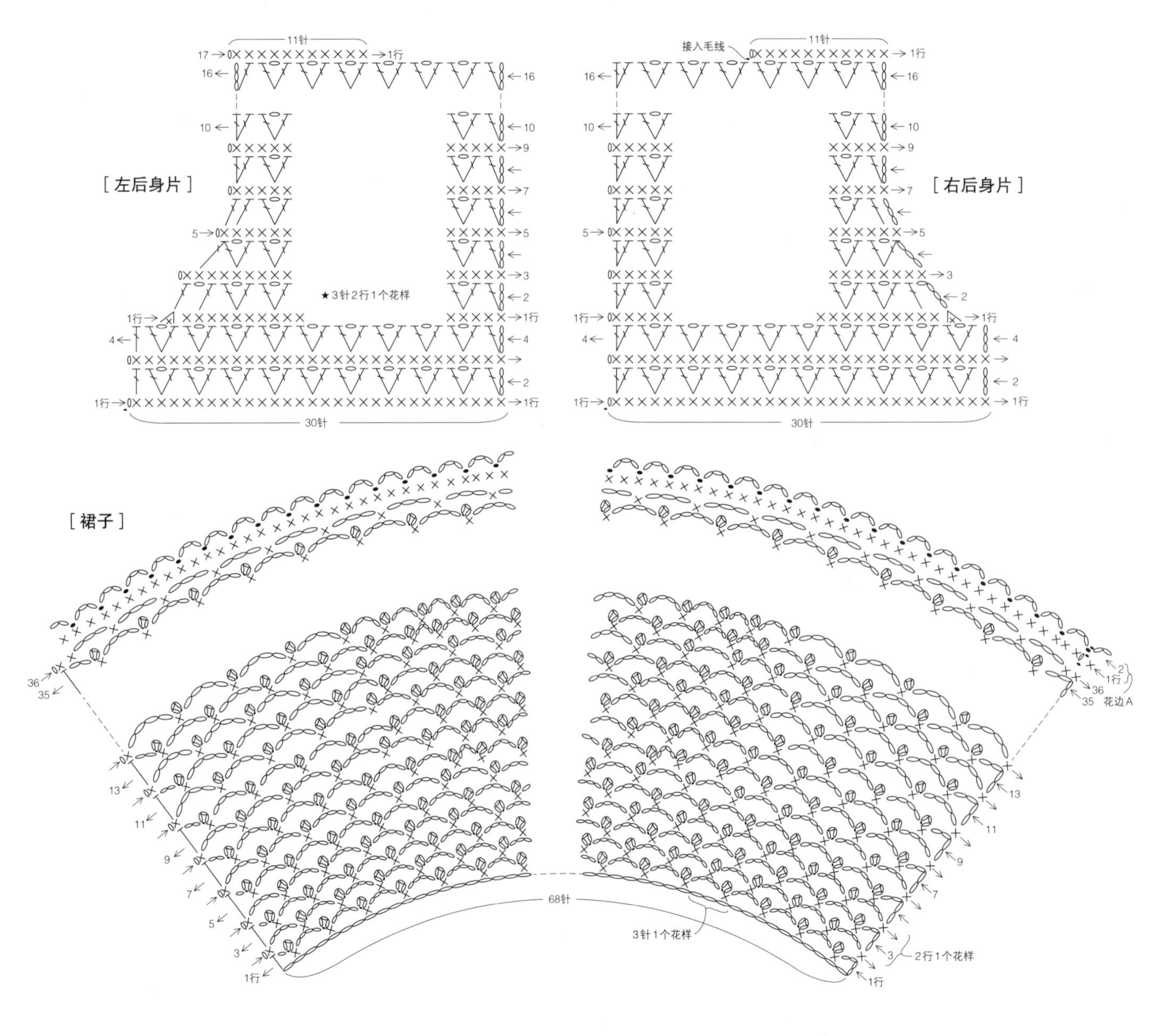

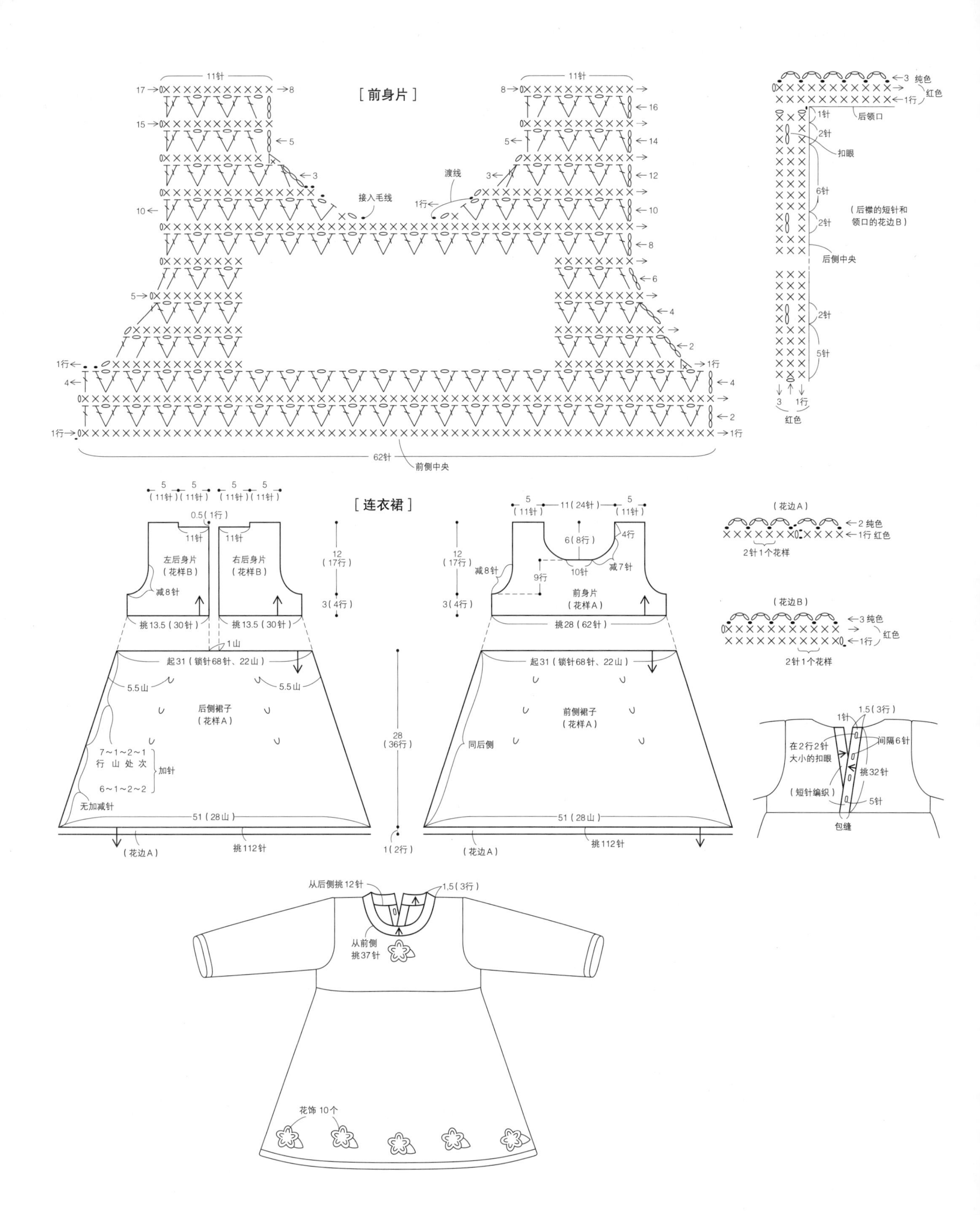
[前身片]
11针
62针
前侧中央
接入毛线
渡线
后领口
扣眼
(后襟的短针和领口的花边B)
后侧中央
纯色
红色
[连衣裙]
左后身片(花样B)
右后身片(花样B)
减8针
挑13.5(30针)
起31(锁针68针、22山)
后侧裙子(花样A)
5.5山
无加减针
加针
51(28山)
挑112针
(花边A)
前身片(花样A)
挑28(62针)
前侧裙子(花样A)
同后侧
(花边A)
2针1个花样
(花边B)
在2行2针大小的扣眼
(短针编织)
间隔6针
挑32针
包缝
从后侧挑12针
1.5(3行)
从前侧挑37针
花饰10个

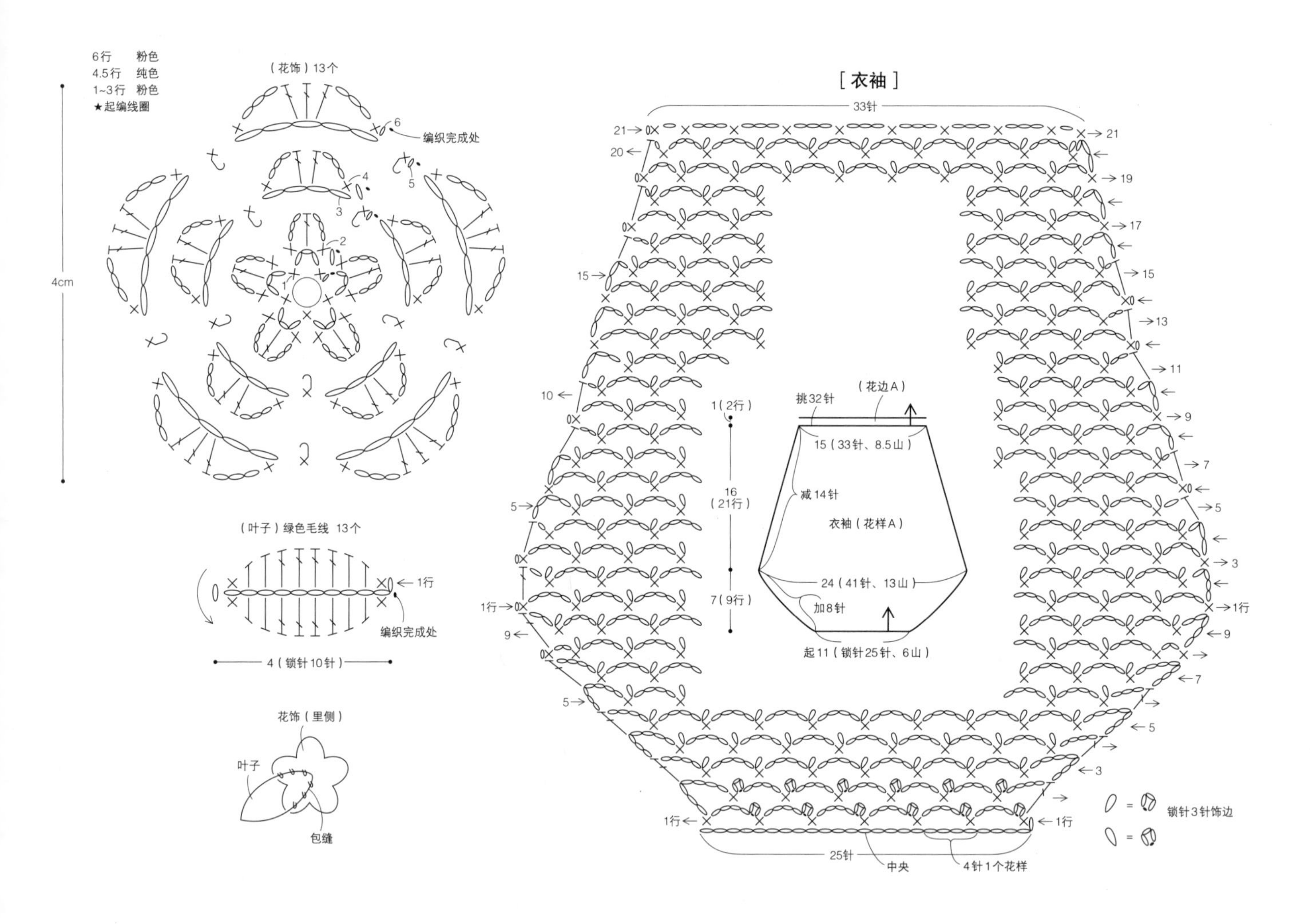

［手提包］

●编织方法

1 从包底起针编接前后侧面。

2 接缝包侧、缝合包底，在包口一侧编织花边。

3 接缝提手，包缝花饰。

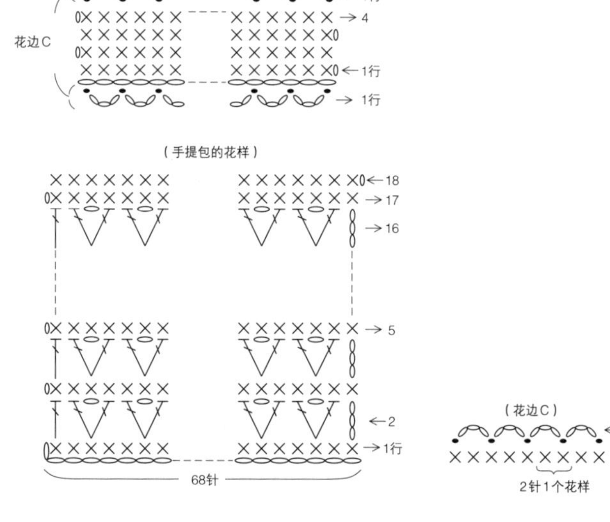

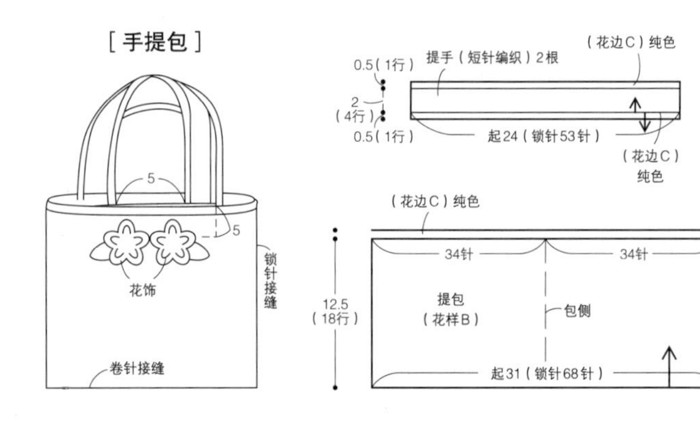

○材料、开衫的编织方法等请参照P82。

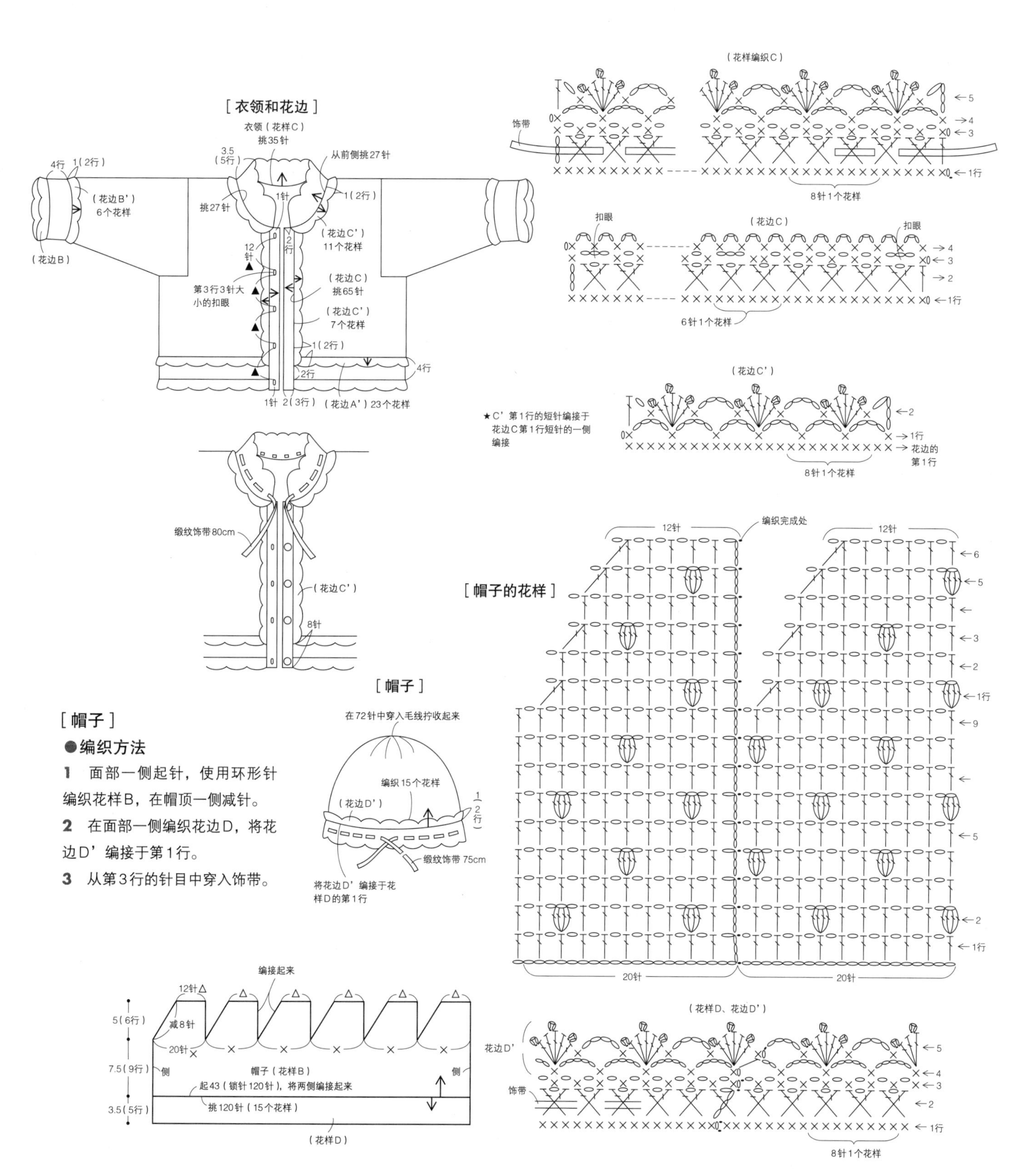

[帽子]

●编织方法

1 面部一侧起针，使用环形针编织花样B，在帽顶一侧减针。

2 在面部一侧编织花边D，将花边D'编接于第1行。

3 从第3行的针目中穿入饰带。

42、43 淑女裙外套、帽子 P30

●材料

线：HAMANAKA Exceed Wool L（粗线）纯色毛线（301）310g HAMANAKA Exceed Wool FL（中粗线）纯色毛线（201）100g

纽扣：15mm心形纽扣6个

针：6号、8号棒针和5/0号、6/0号钩针

●针数

上下针编织18针26行10cm^2

●编织方法

各取单股Exceed Wool L毛线，使用8号棒针编织外套和帽子的上下针，使用6号棒针编织平针、单罗纹针，使用6/0号钩针编织荷叶边A、B。取单股Exceed Wool FL毛线使用5/0号钩针编织衣领、花饰。

[外套]

1 前后身片处棒针起针，使用平针编织。换成上下针在编织物的中间通过左上2针并1针和右上2针并1针减针。

2 衣袖处另线起针，使用上下针编织，拆掉起针毛线，挑针编织单罗纹针。

3 订缝肩部，将腋下、衣袖下面接缝起来，于前侧编织平针，于下摆、前侧、袖口处编织荷叶边。使用钩针挑入棒针编织的针目中编接荷叶边B、C。

4 另外编织衣领，使用绷针接缝于领口处。编织花边第1行时将衣领起针锁针均匀挑入编接到一起。

5 接缝衣袖，将花饰缝于衣领、袖口、下摆处。

[帽子]

1 同衣袖一样起针，使用上下针编织环形，在帽顶7处通过左上2针并1针减针。

2 在面部一侧编织单罗纹针，在剩余的14针中穿入毛线拧收起来。

3 如图编接荷叶边，接缝花饰。

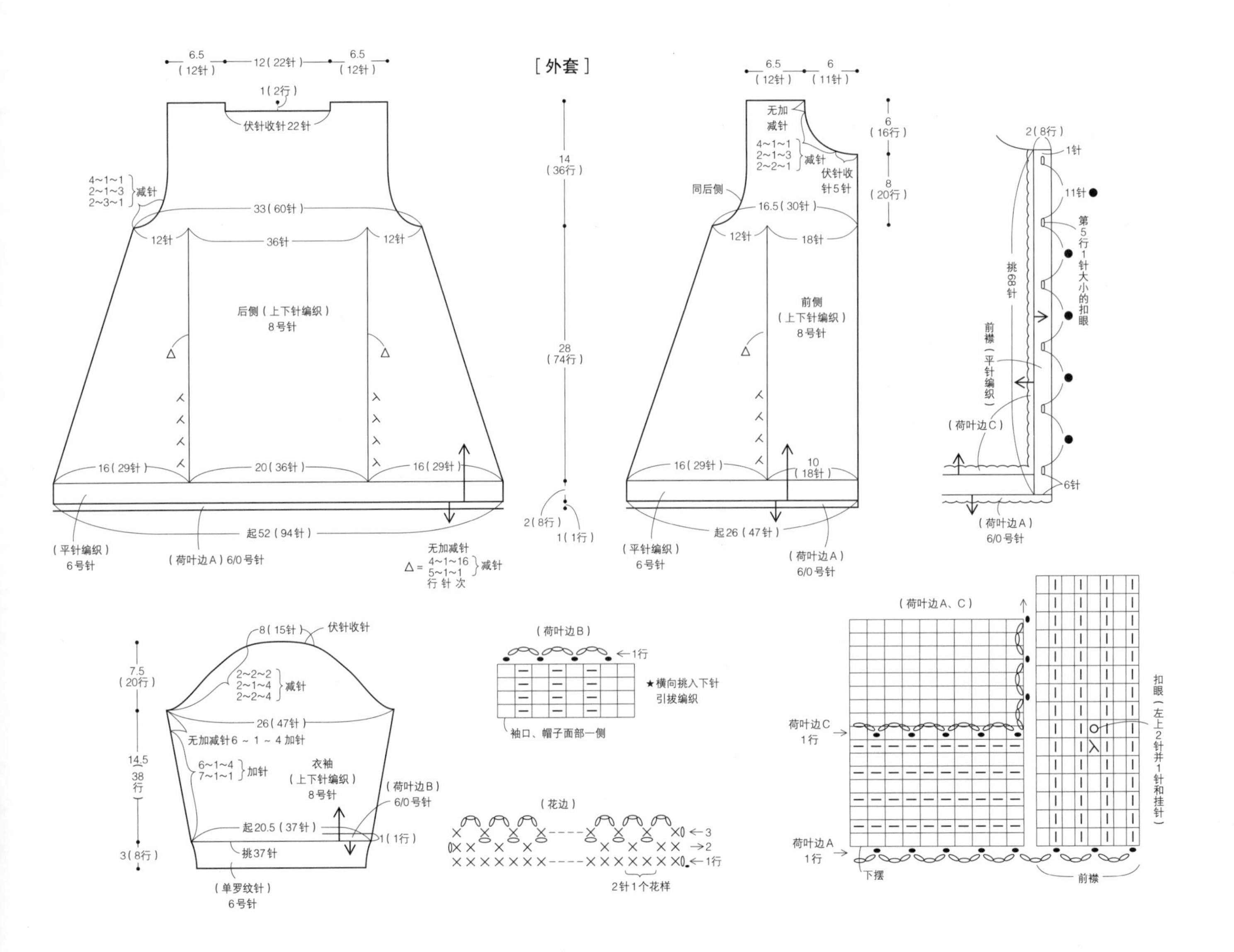

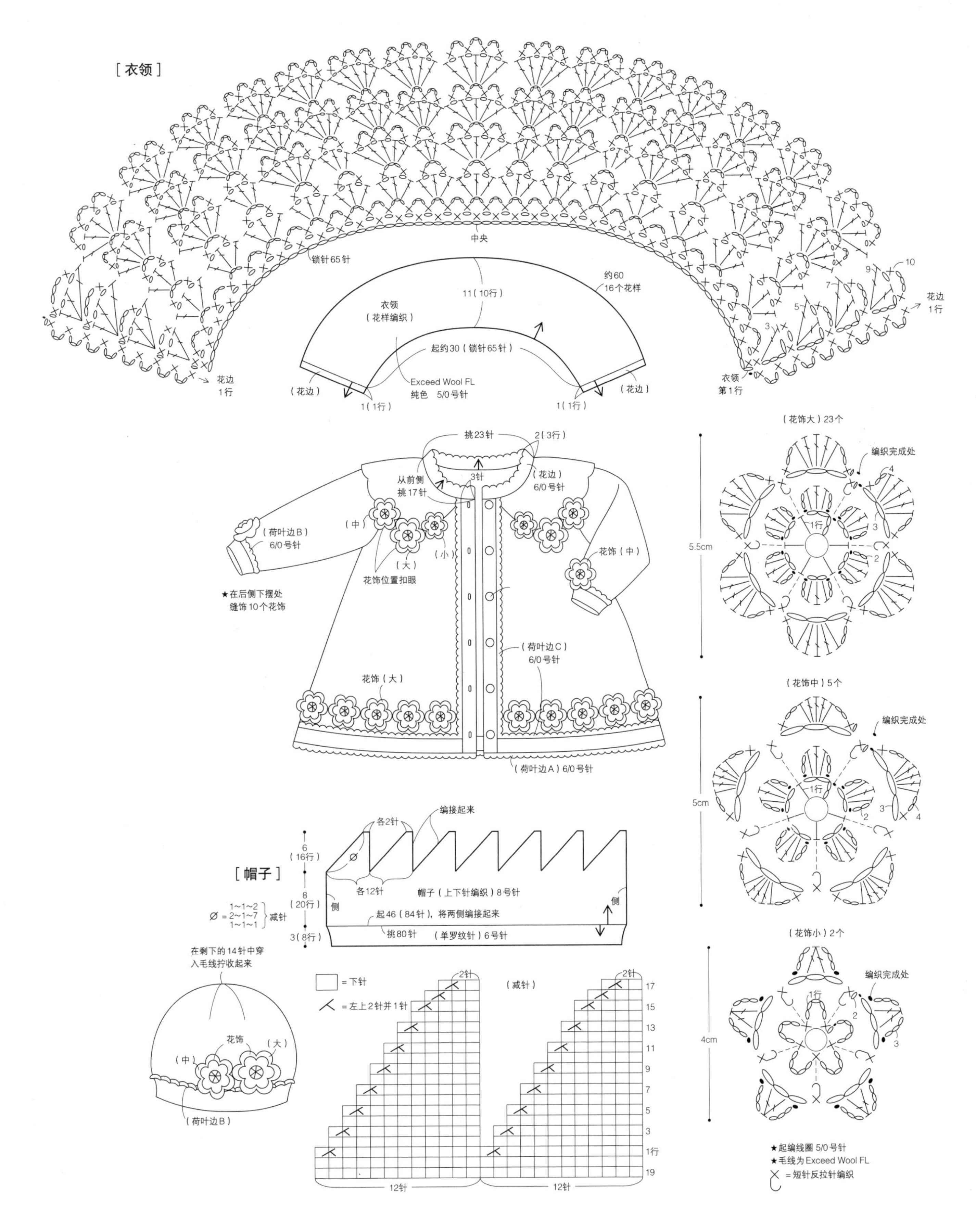

[衣领]
中央
锁针65针
约60
16个花样
11（10行）
衣领
（花样编织）
起约30（锁针65针）
Exceed Wool FL
纯色 5/0号针
（花边）
1（1行）
花边
1行
衣领
第1行
挑23针
2（3行）
从前侧
挑17针
3针
（花边）
6/0号针
（荷叶边B）
6/0号针
（中）
（大）
（小）
花饰（中）
花饰位置扣眼
★在后侧下摆处
缝饰10个花饰
（荷叶边C）
6/0号针
花饰（大）
（荷叶边A）6/0号针
（花饰大）23个
编织完成处
1行
5.5cm
（花饰中）5个
5cm
（花饰小）2个
4cm
★起编线圈 5/0号针
★毛线为Exceed Wool FL
= 短针反拉针编织
[帽子]
编接起来
各2针
各12针
6
（16行）
8
（20行）
3（8行）
1~1~2
Ø = 2~1~7
1~1~1
减针
帽子（上下针编织）8号针
起46（84针），将两侧编接起来
挑80针
（单罗纹针）6号针
侧
在剩下的14针中穿
入毛线拧收起来
花饰
（中）
（大）
（荷叶边B）
= 下针
= 左上2针并1针
2针
（减针）
12针
17
15
13
11
9
7
5
3
1行
19

44 小熊嵌饰开衫 P31

●**材料**

线：HAMANAKA Exceed Wool L（粗线）浅蓝色毛线（322）85g、青绿色毛线（346）80g、黄绿色毛线（337）30g HAMANAKA Exceed Wool FL（中粗线）纯色毛线（201）20g

纽扣：15mm圆形纽扣5个、5mm圆球状黑色纽扣2个

针：6号、8号棒针和5/0号钩针

●**针数**

上下针编织18针26行10cm²

●**编织方法**

取单股毛线，使用8号棒针上下针编织，使用6号棒针平针编织，使用5/0号钩针编织小熊嵌饰。

1 另线起针，如图示配色使用上下针编织前后身片、衣袖。

2 拆掉起针锁针挑针，在下摆处、袖口处分别使用浅蓝色毛线、青绿色毛线平针编织，并伏针收针。

3 订缝肩部，将腋下、衣袖下面接缝起来，于领口、前侧使用浅蓝色毛线平针编织，接缝于衣袖。

4 棒针起针编织装饰用口袋，接缝于前身片。编织小熊嵌饰的各个部分，缝合起来后包缝于背后。

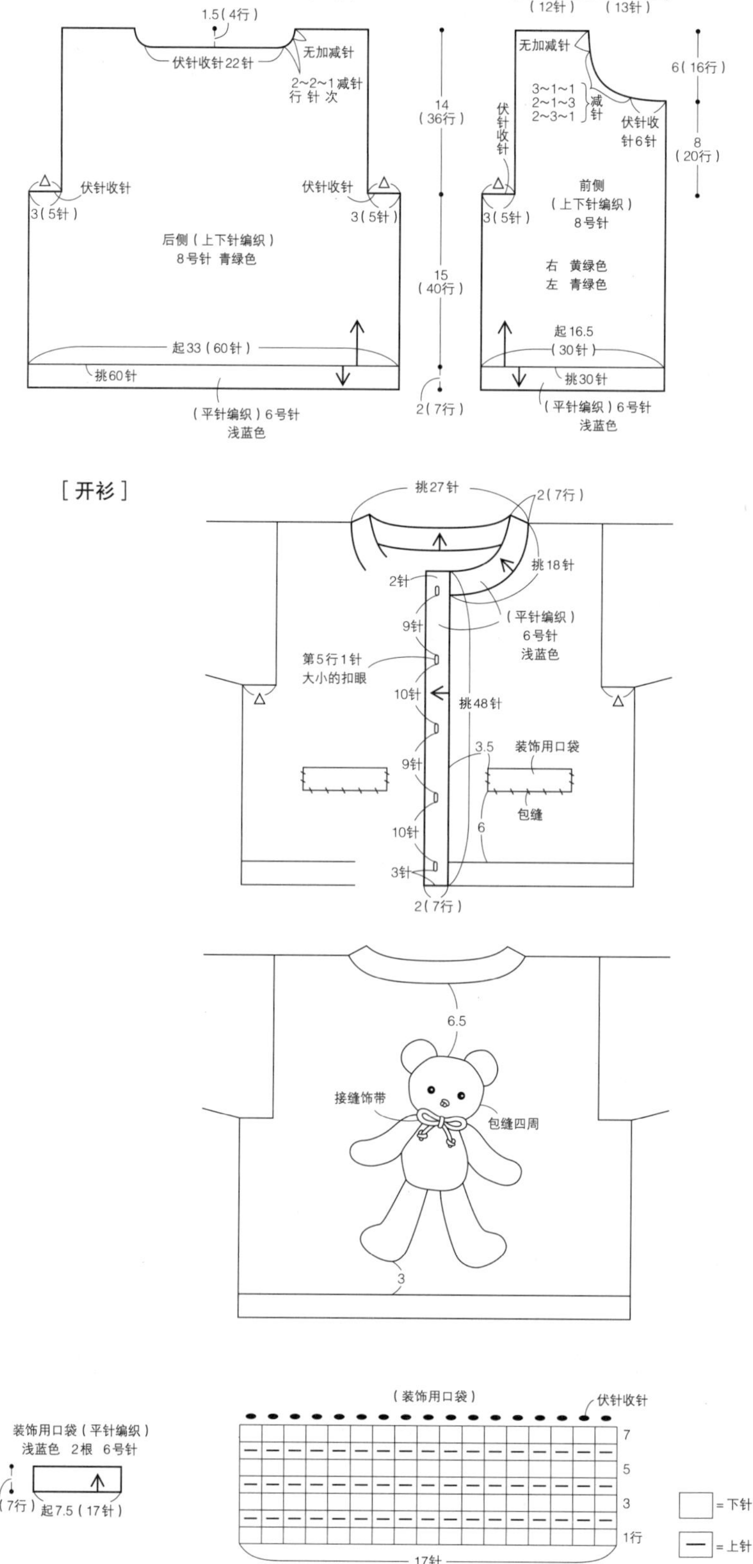

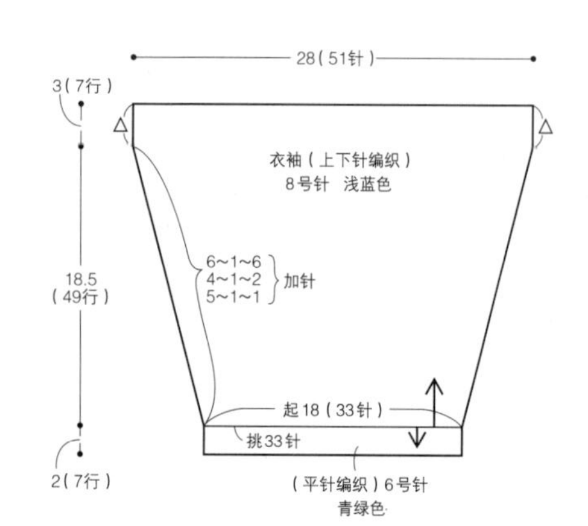

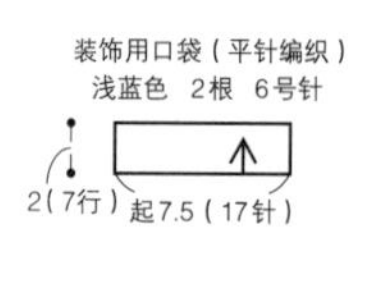

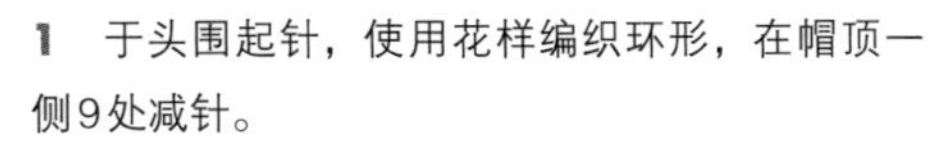

●编织方法

1 于头围起针，使用花样编织环形，在帽顶一侧9处减针。

2 从头围起针处挑针编织花边B。

3 拧收帽顶剩余的针目、接缝绒球，将花饰B护耳接缝于两侧。

［小熊嵌饰］

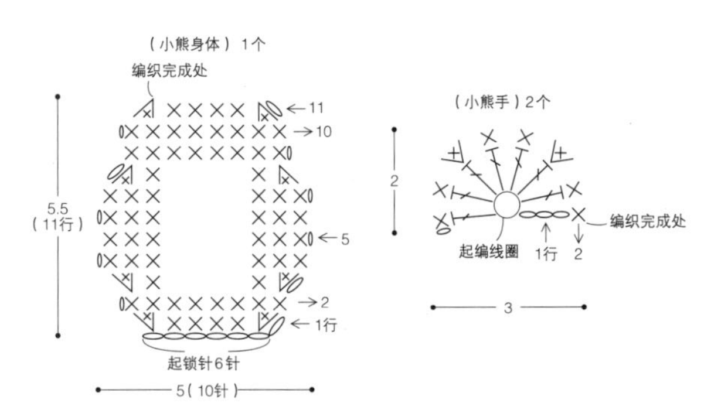

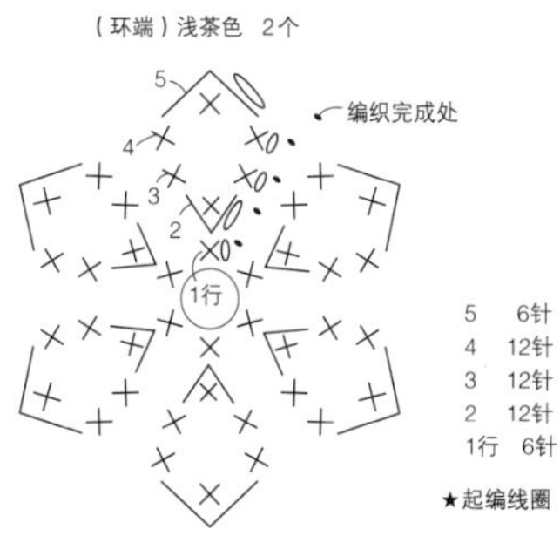

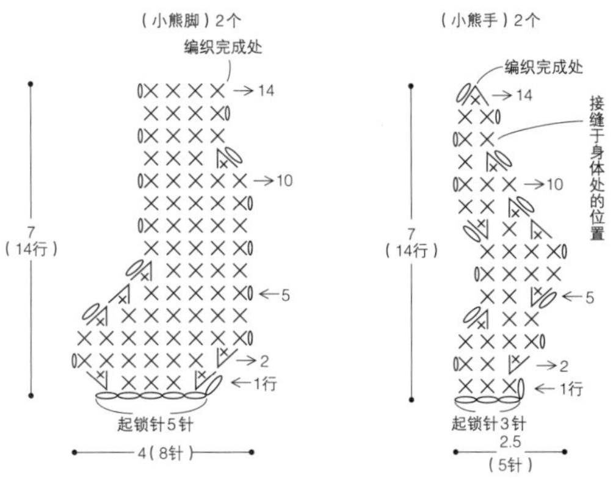

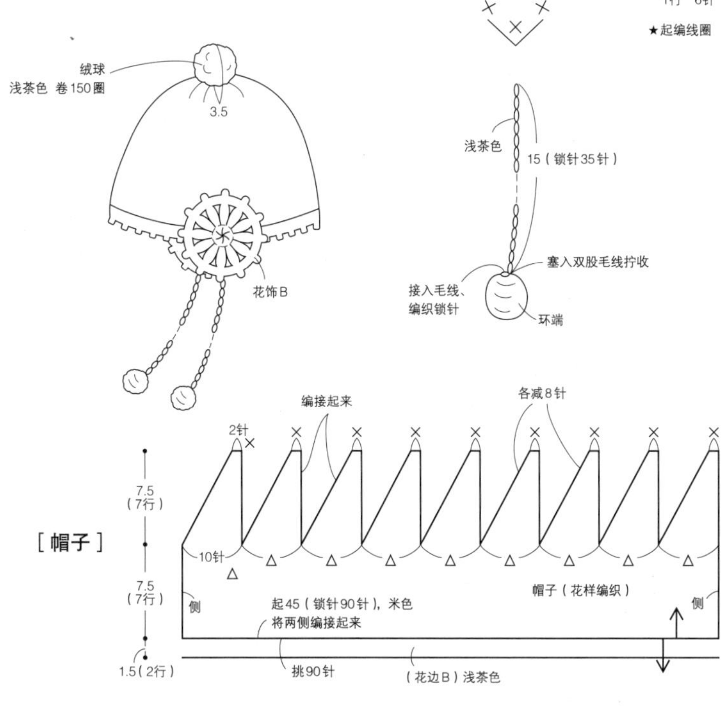

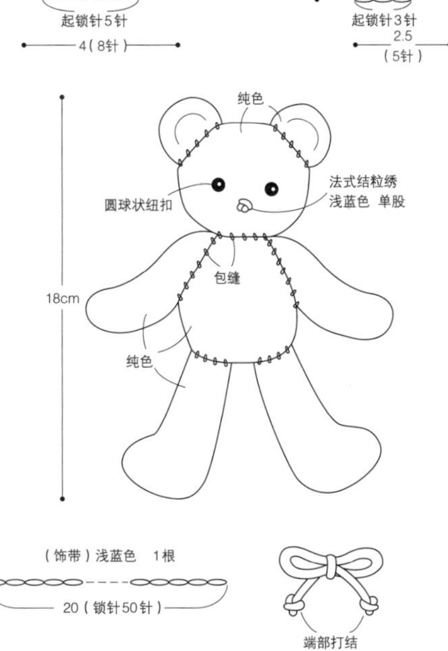

［帽子的花样］

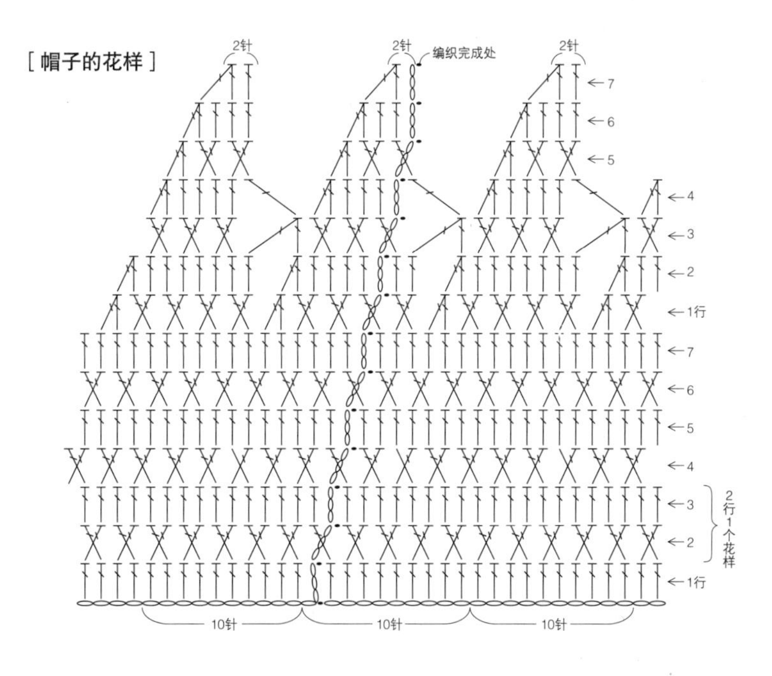

45、46 小绵羊斗篷、帽子 P32

●**材料**

线：HAMANAKA Sonomono Loop（超粗线）纯色毛线（61）220g 羊驼毛线（极粗线）纯色毛线（41）150g

针：10号、15号棒针和6/0号、8/0号钩针

●**针数**

上下针编织12针16行编织10cm²

●**编织方法**

取单股Sonomono Loop毛线，使用15号棒针上下针编织，取单股羊驼毛线使用10号棒针单罗纹针编织、使用8/0号钩针编织花边和饰带、使用6/0号钩针编织花饰。

［斗篷］

1 棒针起针，从下摆处开始使用上下针编织环形。共分成8处，每处17针，在其两侧减针直至脖子处。

2 从斗篷里侧使用单罗纹针编织衣领，以同样的方法编织花边。

3 在领口48针处编织衣领和花边。编织饰带，穿入衣领第1行的针目中。

4 编织花饰，将14个花饰呈圈状接缝在下摆处。

［帽子］

1 另线起针编织环形。帽顶一侧于6处减针。

2 拆掉起编毛线，挑针编织单罗纹针，伏针收针编接花边。

3 在帽顶剩余的针目中穿入毛线拧收起来，接缝2个花饰。

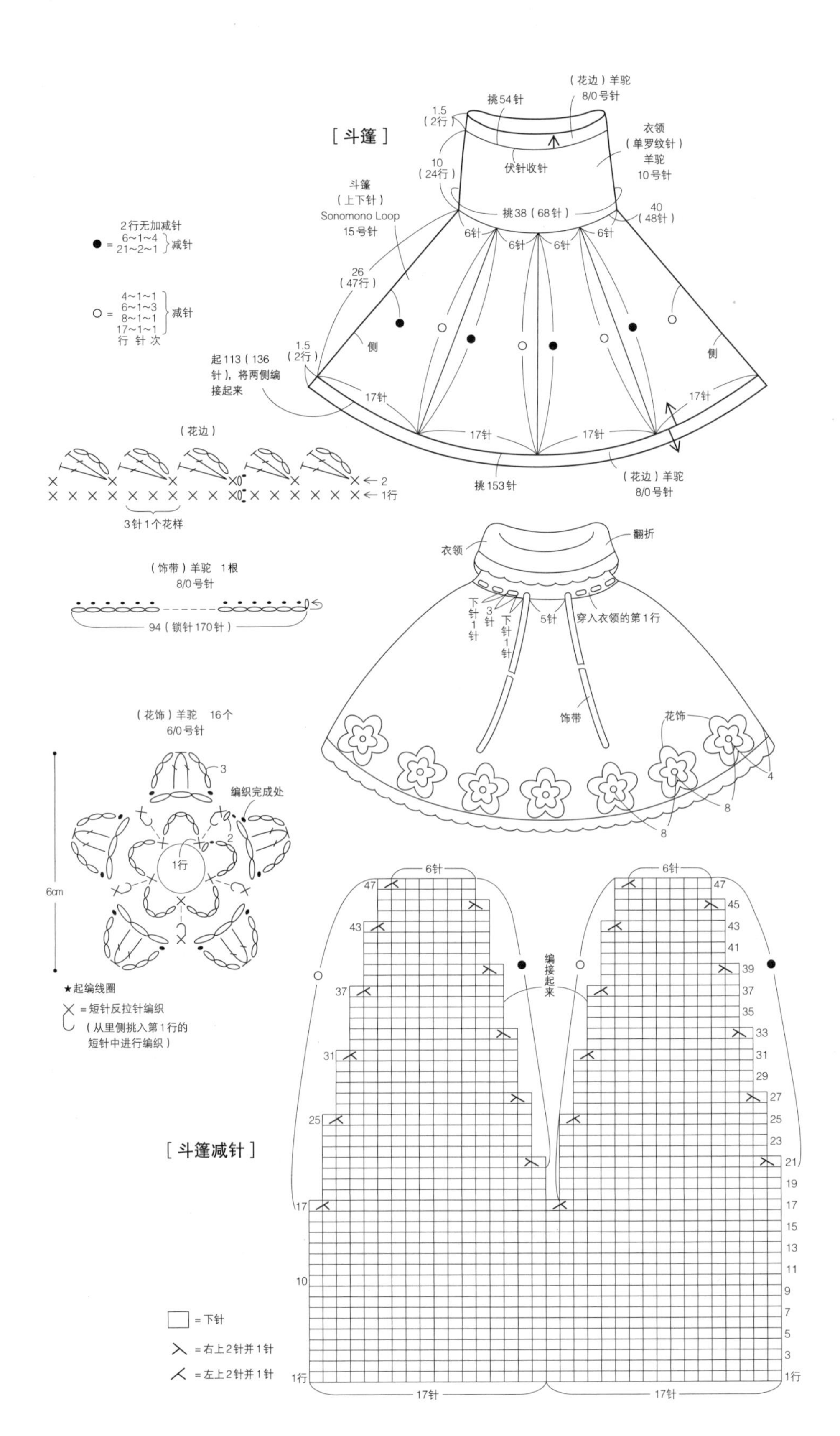

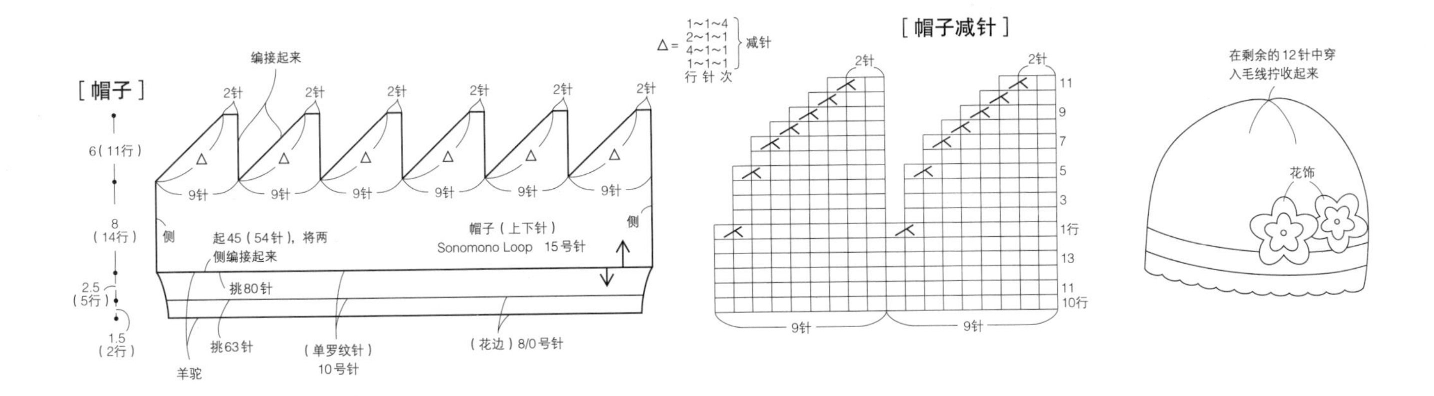

31、32、33 开衫水手服套装中的短裤 P25

○材料、开衫的编织方法等请参照P76。

●编织方法

1 另线起针，使用上下针从下裆处编织至腰部。拆掉下摆处的毛线，编织单网眼针，伏针收针。

2 编织左右两条同样的裤腿，将下裆、立裆缝合起来。

3 将腰部指定部分翻折，缝接起来。

4 参照P75在下摆处上下针的第1行进行平针绣。

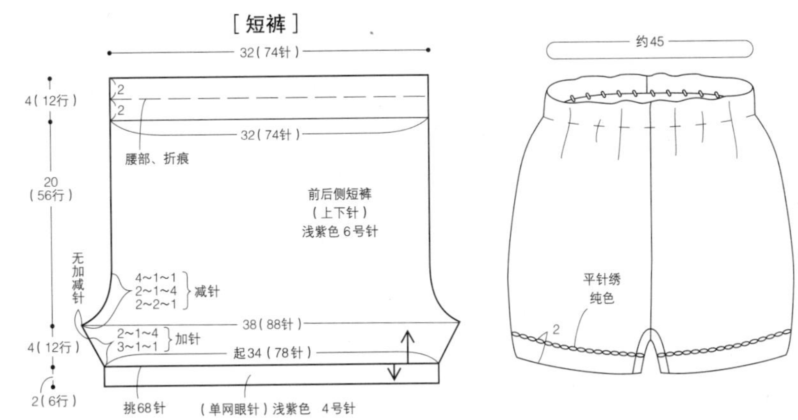

37 蝴蝶结连衣裙中的饰带 P27

○材料、连衣裙的编织方法等请参照P80。

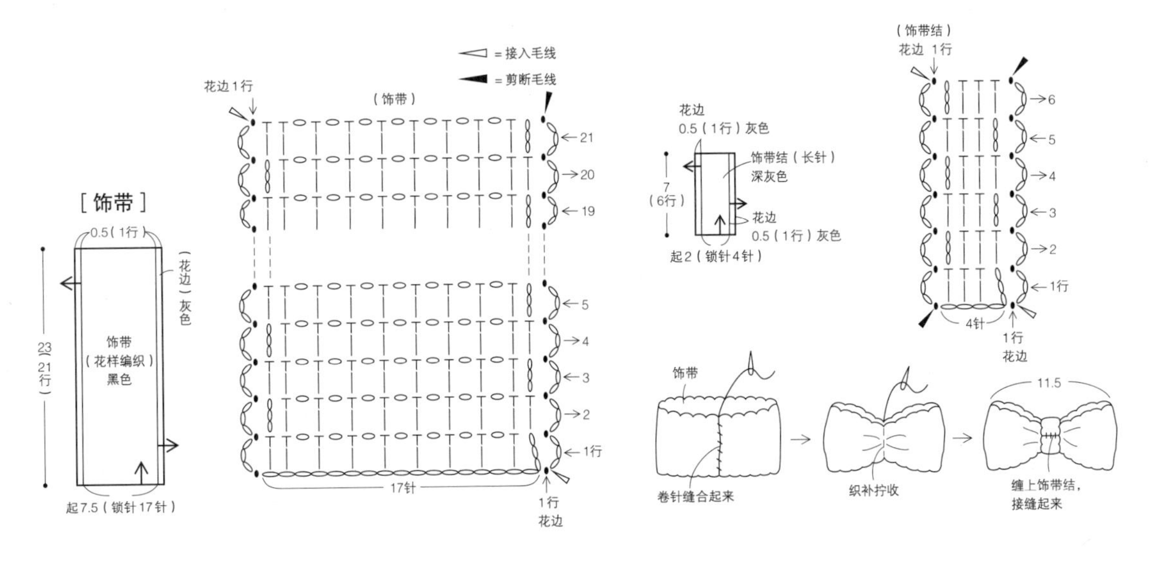

47、48 小魔女披风、帽子 P33

●**材料**

线：HAMANAKA Fairlady50（粗线）黑色毛线（50）130g、灰色毛线（48）85g、深灰色毛线（49）55g、纯色毛线（2）50g

针：5/0号钩针

●**针数**

花样编织20针9.5行编织10cm^2

●**编织方法**

取单股毛线，使用5/0号钩针进行编织。

[帽子]

1 使用同披风一样的花样编织，在面部一侧编织花边B。

2 订缝帽顶一侧，将绒球接缝于左右两侧。

[披风]

1 在下摆处起针，使用花样编织环形。8行1个花样中的第7行使用深灰色毛线和纯色毛线分别编织长针3针的爆米花针嵌入花样，休编线在针目后侧渡线，编织下1行时钩入渡线编织。配色线中的每行灰色毛线不要剪断，在起编锁针立针位置纵向渡线，其他颜色的毛线在每行接入编织、在编织完成处剪断。

2 将披风的起针252针分成4块，在每块两侧的长针编织行通过2针并1针进行减针编织，减至80针。

3 在领口的84针处编织衣领和花边。

4 编织饰带，穿入衣领第1行的针目中，将绒球接缝于饰带端部。

[帽子]

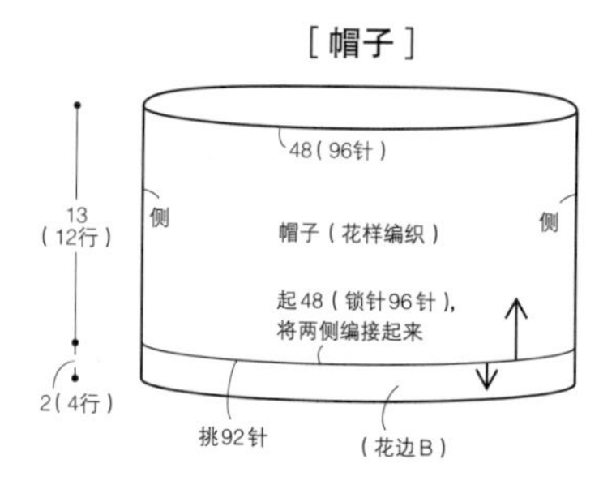

（花边B）

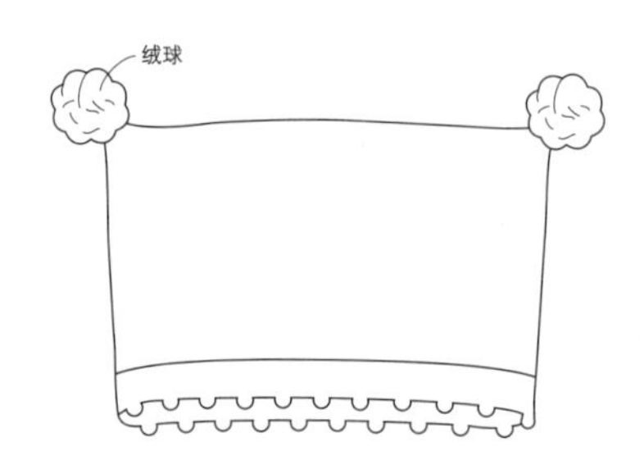

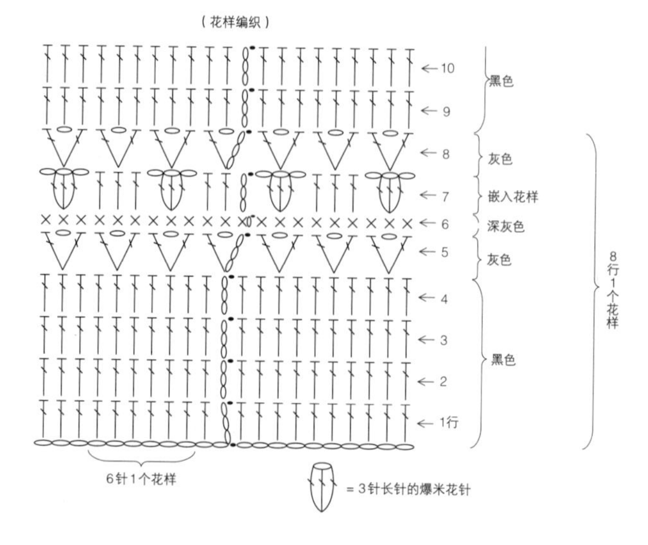

（花样编织）

（嵌入花样）

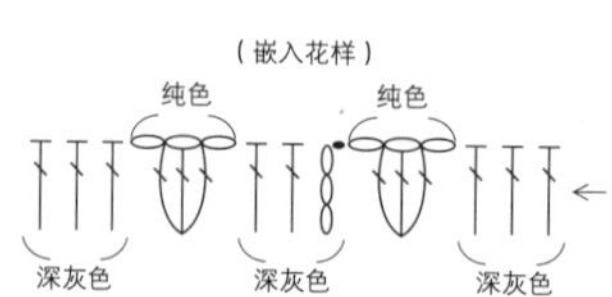

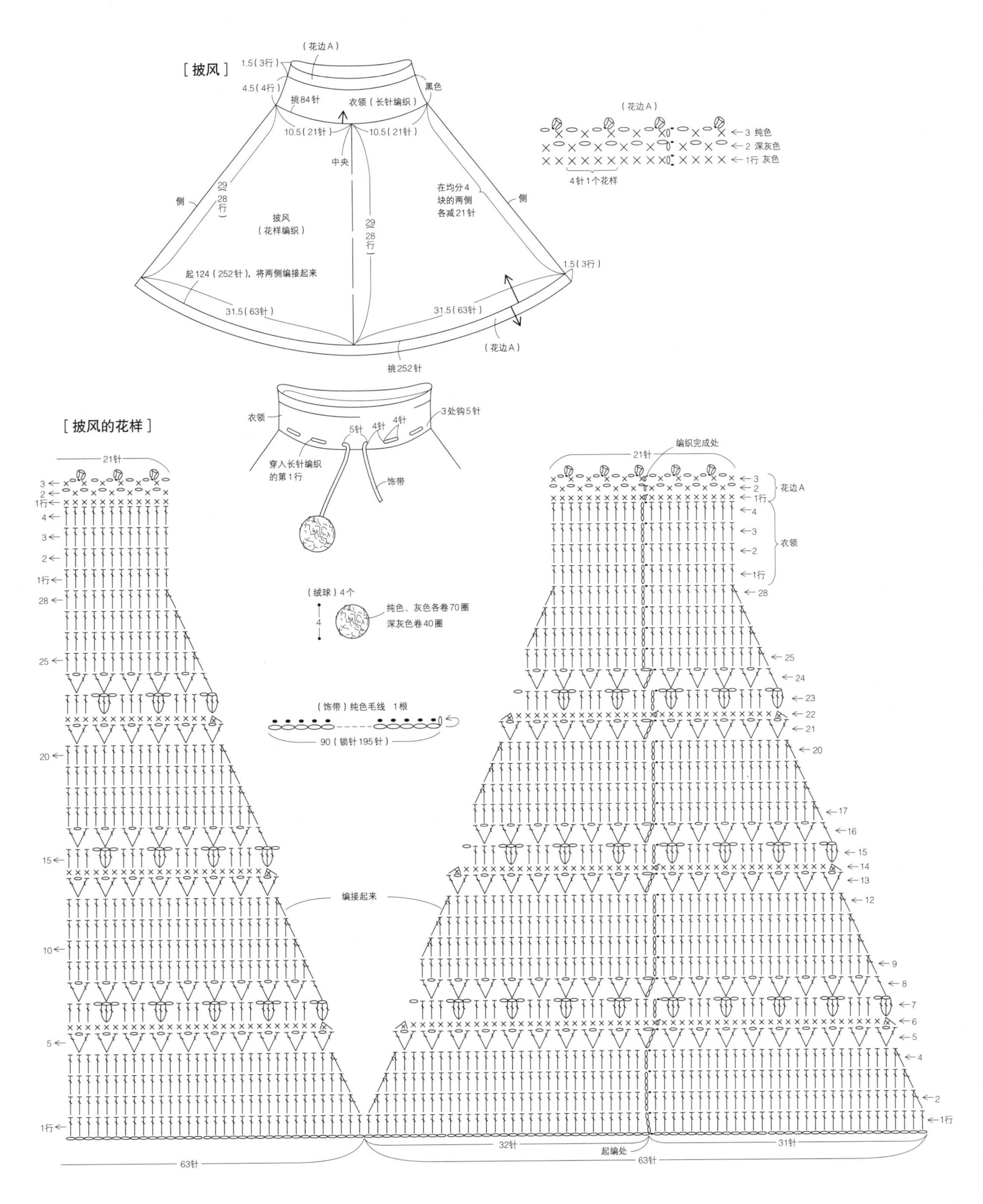
[披风]
(花边A)
1.5 (3行)
4.5 (4行)
黑色
挑84针
衣领 (长针编织)
10.5 (21针)
10.5 (21针)
中央
侧
29
28行
披风
(花样编织)
29
28行
在均分4
块的两侧
各减21针
侧
1.5 (3行)
起124 (252针)，将两侧编接起来
31.5 (63针)
31.5 (63针)
(花边A)
挑252针
(花边A)
3 纯色
2 深灰色
1行 灰色
4针1个花样
衣领
3处钩5针
5针
4针
4针
穿入长针编织
的第1行
饰带
(绒球) 4个
4
纯色、灰色各卷70圈
深灰色卷40圈
(饰带) 纯色毛线　1根
90 (锁针195针)
[披风的花样]
21针
编织完成处
21针
花边A
衣领
编接起来
32针
31针
起编处
63针
63针

●材料

线：HAMANAKA Sonomono Loop（超粗线）茶色毛线（53）400g Sonomono羊驼毛线（极粗线）浅茶色毛线（42）55g

纽扣：18mm圆形纽扣5个

针：10号、15号棒针和7/0号钩针

●针数

上下针编织12针18行编织共10cm²

●编织方法

取单股茶色Sonomono Loop，毛线使用15号棒针上下针编织左右后侧短裤、后身片、前身片、衣袖、帽子；取单股浅茶色羊驼毛线，使用10号棒针和7/0号钩针编织小熊耳朵、单罗纹针花边。

1 另线起针。对称编织左右后侧短裤，挑缝立裆编接于后身片。如图所示对称编织前身片。

2 编织衣袖。订缝肩部、接缝下裆和前襟下侧立裆，拆掉后侧短裤、前身片和衣袖的起针，挑针编织单罗纹针和花边，将腋下、衣袖下面接缝起来。

3 从前后领口处挑针编织帽子，将帽顶一侧缝合起来。

4 从前侧、帽子四周挑针编织前襟。编织小熊耳朵，两折接缝于帽子。

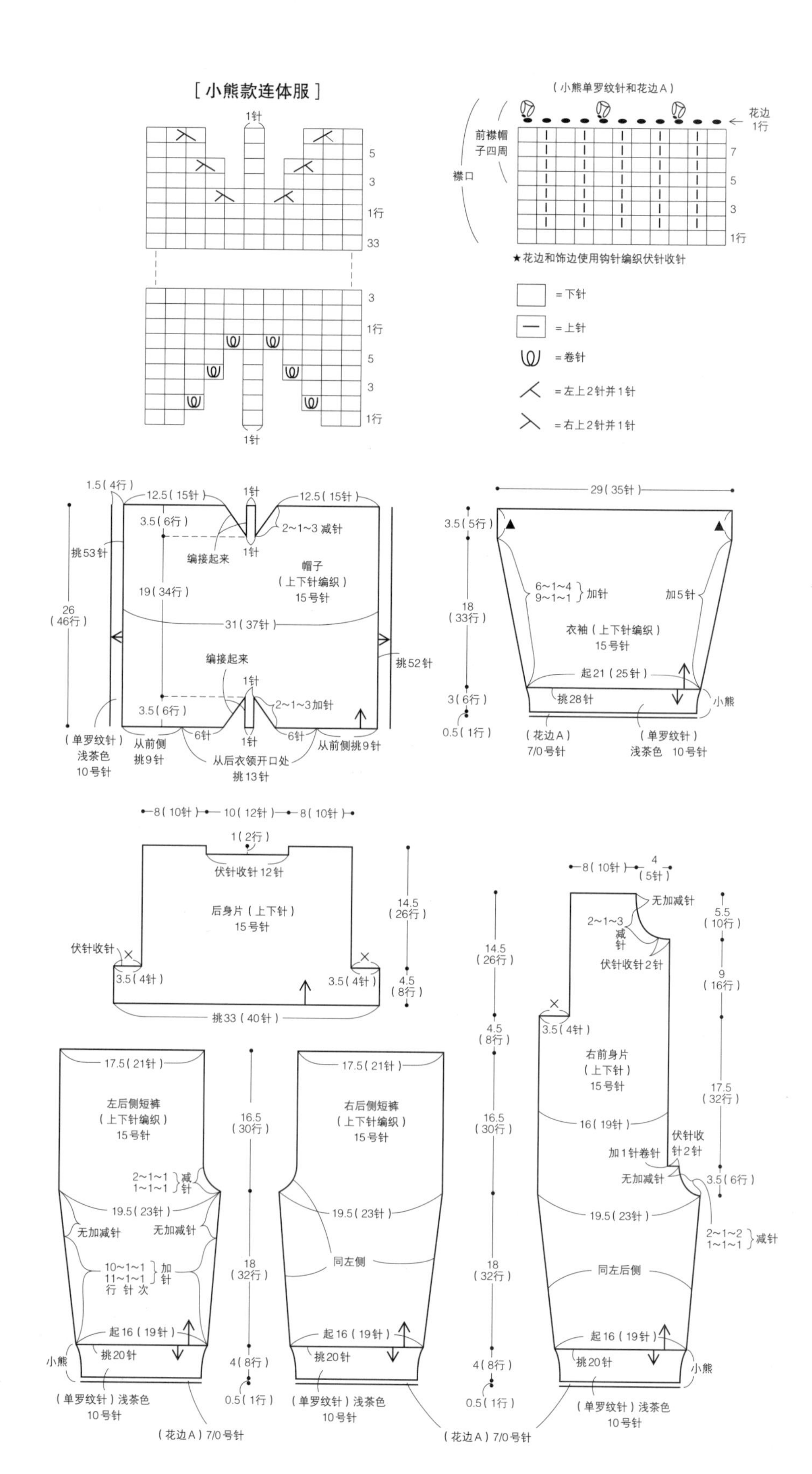

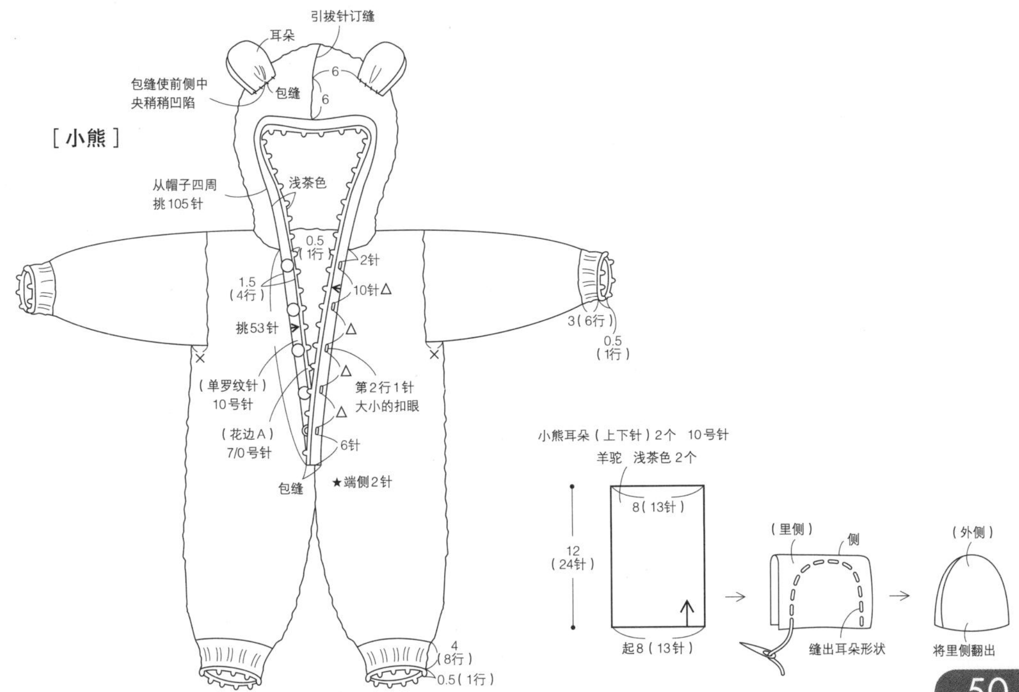

50 小兔连体服 P35

[小兔连体服]

耳朵
5
4
花饰
(花边B)
7/0号针
从帽子四周
挑105针
2(2行)
2(2行) 3(6行)
(单罗纹针)
10号针
羊驼
纯色
(花边)7/0号针
0.5
(1行)
1.5(4行)
挑53针
(单罗纹针)
10号针
羊驼
纯色
★端侧2针
包缝
花饰
(单罗纹针)
10号针
3(6行)
2(2行)
羊驼
纯色
(花边)7/0号针

[小兔连体服的花饰]

(花饰)羊驼 纯色 6个
7/0号针
3
编织完成处
(1行)
2
5.5cm
★起编线圈
= 短针反拉针编织
(从里侧挑入第1行的
短针中进行编织)

小兔耳朵(上下针编织)10号针
羊驼 纯色
2个
在第24行
减至11针
在11针中穿入毛
线拧收起来
12
(24行)
起14(22针),
将两侧编接起来
在前侧中央
稍稍折一下

2
1行
花边B
襟口 帽子四周
襟口
前襟
使用钩针
伏针收针
5
3
1行
(小兔的单罗纹针和花边B)

●材料

线：HAMANAKA Sonomono Loop(超粗线)纯色毛线(51)410g Sonomono羊驼毛线(极粗线)纯色毛线(41)70g

纽扣：18mm圆形纽扣5个

针：10号、15号棒针和7/0号钩针

●针数

上下针编织12针18行共10cm^2

●编织方法

取单股纯色Sonomono Loop毛线，使用15号棒针上下针编织左右后侧短裤、后身片、前身片、衣袖、帽子；取单股纯色羊驼毛线，使用10号棒针和7/0号钩针编织小兔耳朵、单罗纹针、花边和花饰。

○连体服的编织方法同上一页小熊连体服。如图示加编下摆、襟口、前襟，接缝小兔耳朵和花饰。

1 另线起针。对称编织左右后侧短裤，挑缝立裆编接于后身片。如图示对称编织前身片。

2 编织衣袖。订缝肩部、接缝下裆和前襟下侧立裆，拆掉后侧短裤、前身片和衣袖的起针，挑针编织单罗纹针和花边，将腋下、衣袖下面接缝起来。

3 从前后领口处挑针编织帽子，将帽顶一侧缝合起来。

4 从前侧、帽子四周挑针编织前襟。编织小熊耳朵两折接缝于帽子。缝出小兔耳朵形状，接缝于帽子。

51、52 小熊款两用婴儿包被、小熊玩偶 P36

○小熊玩偶的编织方法请参照P101。

●**材料**

线：HAMANAKA Fairlady50（粗线）米色毛线（52）230g、浅茶色毛线（43）110g、纯色毛线（2）80g

纽扣：5mm黑色圆形纽扣4个

配件：45cm长的开式拉链

针：5/0号钩针

●**针数**

花样编织20针10行，长针编织20针9行各编织10cm²

●**编织方法**

取单股毛线，使用5/0号针进行编织。

1 使用花样编织前后身片、衣袖。配色线每2行更换，因此配色时不要剪断毛线、在端部纵向渡线。

2 卷针接缝身片和衣袖之间的插肩线，锁针接缝衣袖下面和腋下。

3 从身片和衣袖的领口一侧挑针，取米色毛线，使用长针编织帽子，卷针接缝帽顶一侧。

4 在袖口、下摆、前侧、帽子四周编织花边，如图示在帽子上接缝耳朵。

5 在前侧花边的里侧回针缝接拉链。

6 分别编织缝制在左胸和后身片的小熊脸部和完整的小熊嵌饰，以同色系毛线包缝于包被中。

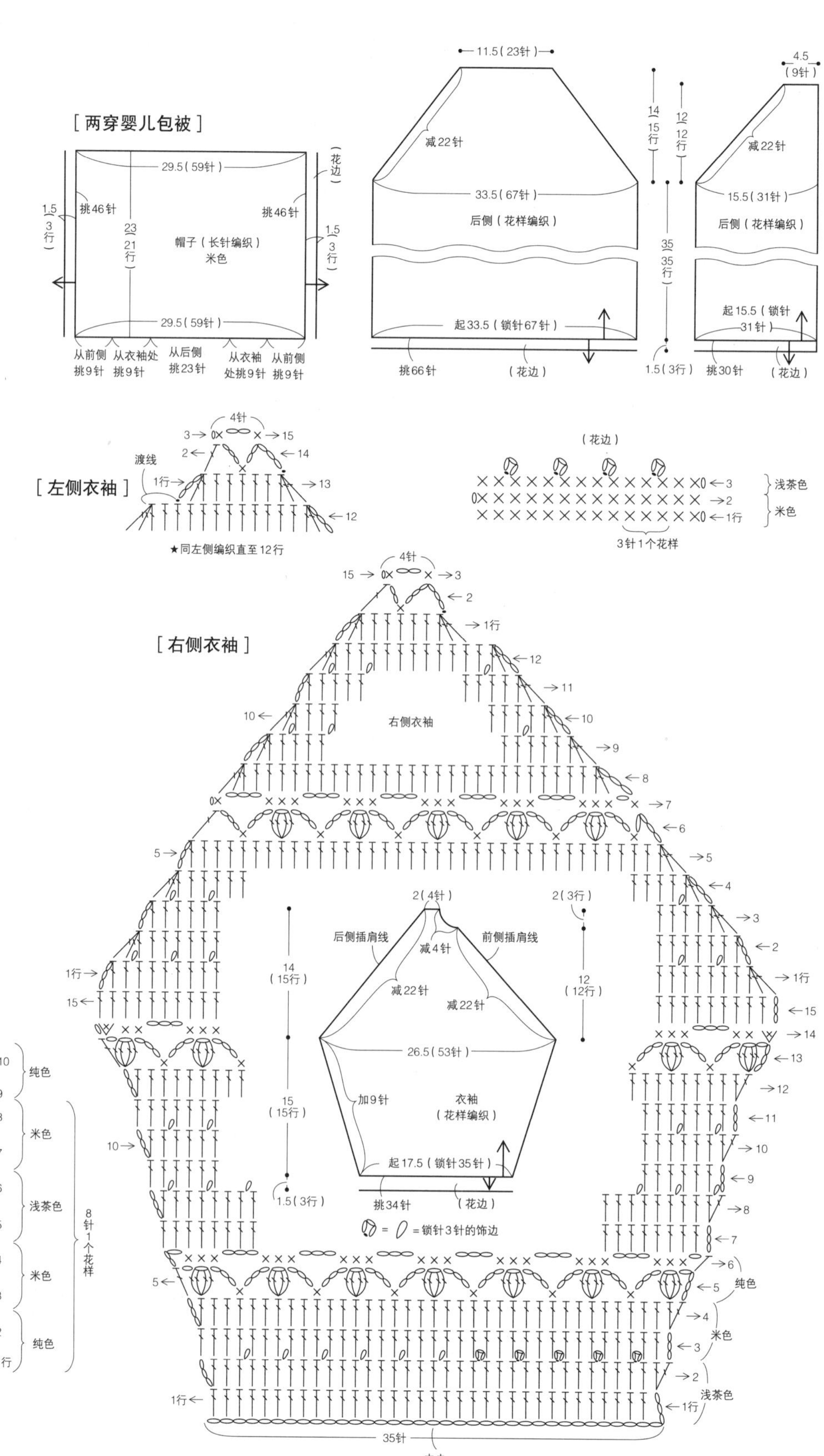

（花样C）

纯色
米色
浅茶色
米色
纯色
8针1个花样
6针1个花样
= 长针4针的爆米花针

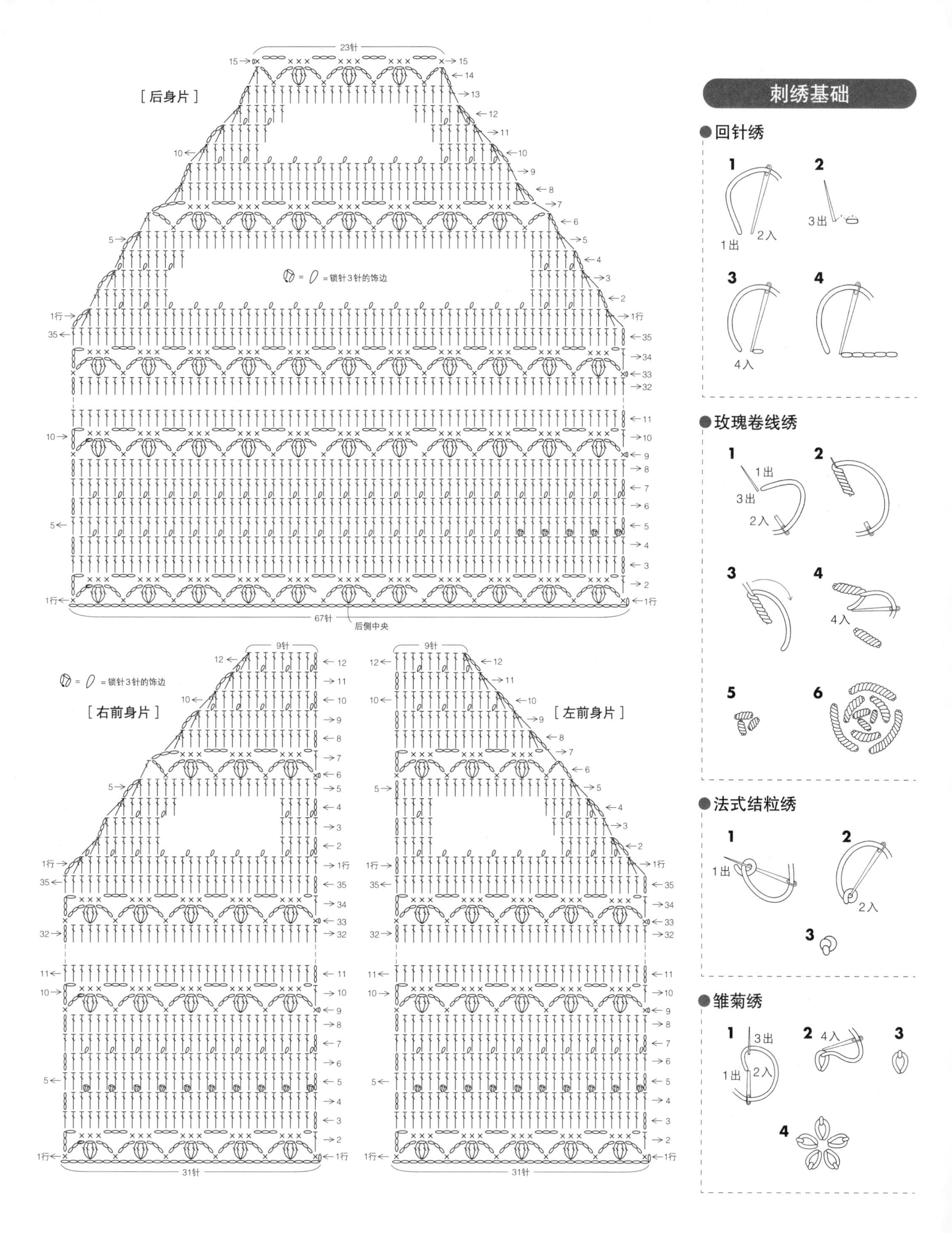

23针
15
14
13
12
11
10
9
8
7
6
5
4
3
2
1行
35
34
33
32
[后身片]
= 锁针3针的饰边
67针
后侧中央
9针
[右前身片]
[左前身片]
31针
刺绣基础
回针绣
1出
2入
3出
4入
玫瑰卷线绣
法式结粒绣
雏菊绣

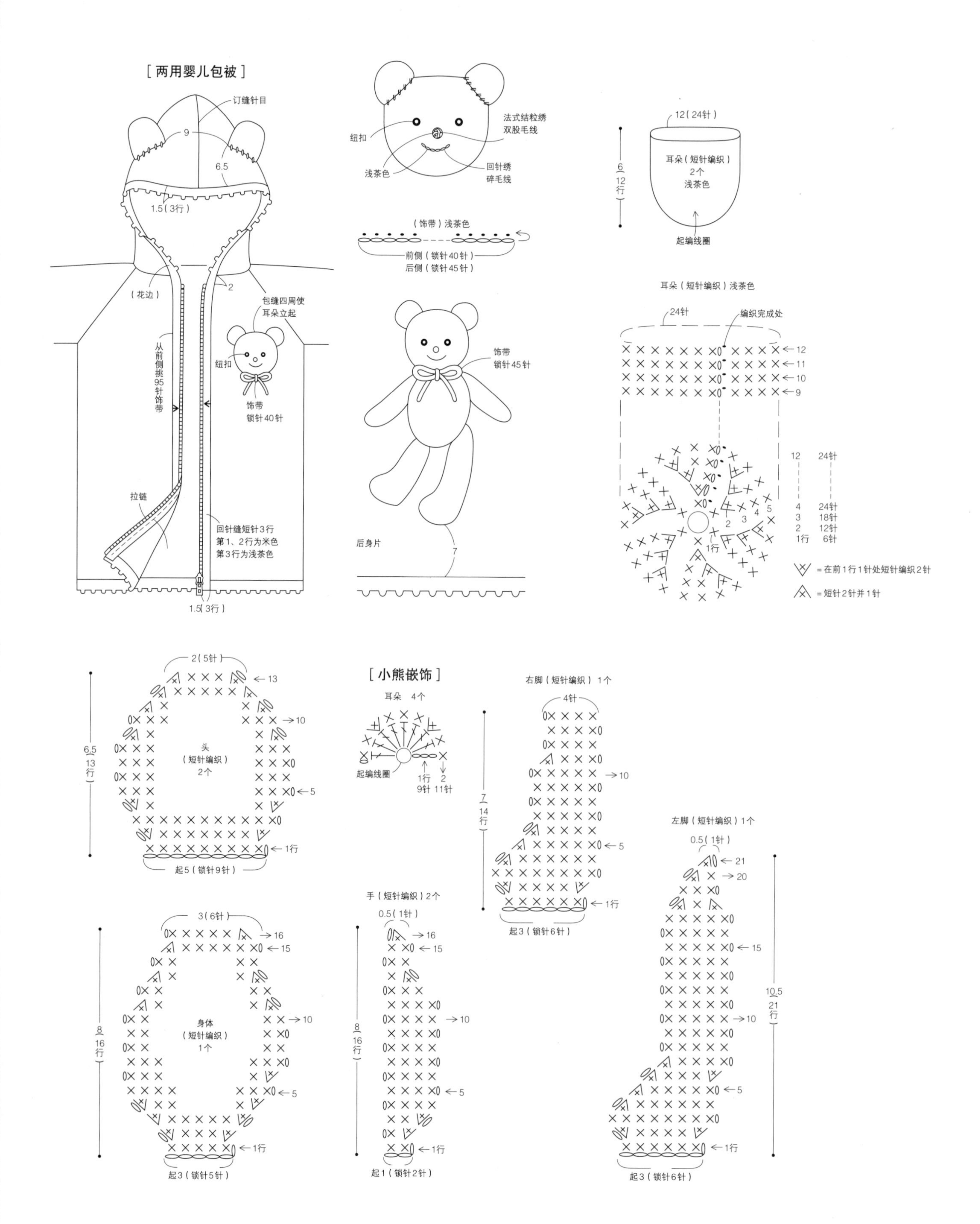
[两用婴儿包被]
订缝针目
9
6.5
1.5(3行)
(花边)
2
包缝四周使
耳朵立起
从前侧挑95针饰带
纽扣
饰带
锁针40针
拉链
回针缝短针3行
第1、2行为米色
第3行为浅茶色
1.5(3行)
法式结粒绣
双股毛线
纽扣
浅茶色
回针绣
碎毛线
(饰带)浅茶色
前侧(锁针40针)
后侧(锁针45针)
饰带
锁针45针
后身片
7
12(24针)
耳朵(短针编织)
2个
浅茶色
6
12行
起编线圈
耳朵(短针编织)浅茶色
24针
编织完成处
12
11
10
9
12 24针
4 24针
3 18针
2 12针
1行 6针
=在前1行1针处短针编织2针
=短针2针并1针
2(5针)
13
10
头
(短针编织)
2个
6.5
13行
5
1行
起5(锁针9针)
[小熊嵌饰]
耳朵 4个
起编线圈
1行
9针
2
11针
右脚(短针编织) 1个
4针
10
7
14行
5
1行
起3(锁针6针)
左脚(短针编织)1个
0.5(1针)
21
20
15
10.5
21行
10
5
1行
起3(锁针6针)
3(6针)
16
15
身体
(短针编织)
1个
8
16行
10
5
1行
起3(锁针5针)
手(短针编织)2个
0.5(1针)
16
15
8
16行
10
5
1行
起1(锁针2针)

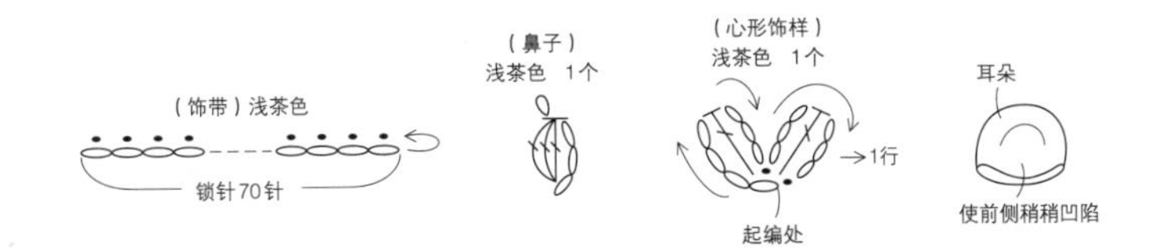

52 小熊玩偶 P37

●材料

线：HAMANAKA Fairlady50（粗线）纯色毛线（2）45g、米色毛线（52）20g、浅茶色毛线（43）5g

纽扣：6mm黑色圆形纽扣2个

配件：手工艺用棉花10g

针：5/0号钩针

●针数

短针编织20针19行编织10cm^2

●编织方法

取单股毛线，使用5/0号针进行编织。

1 使用如图示配色短针编织小熊各个部分。

2 在头部、身体、手、腿、尾巴中塞入棉花，包缝于身体。头部、身体编织完成处一侧的封口不要缝合，接缝手、腿的一侧少塞一点棉花接缝于身体。尾巴拧收成球状，缝于身体后侧。

3 包缝耳朵和心形饰样，在面部缝上眼睛、鼻子，绣上嘴，在脖子处系上饰带。

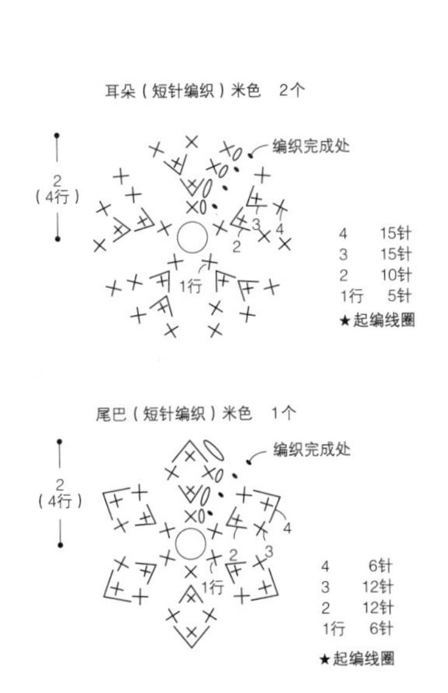

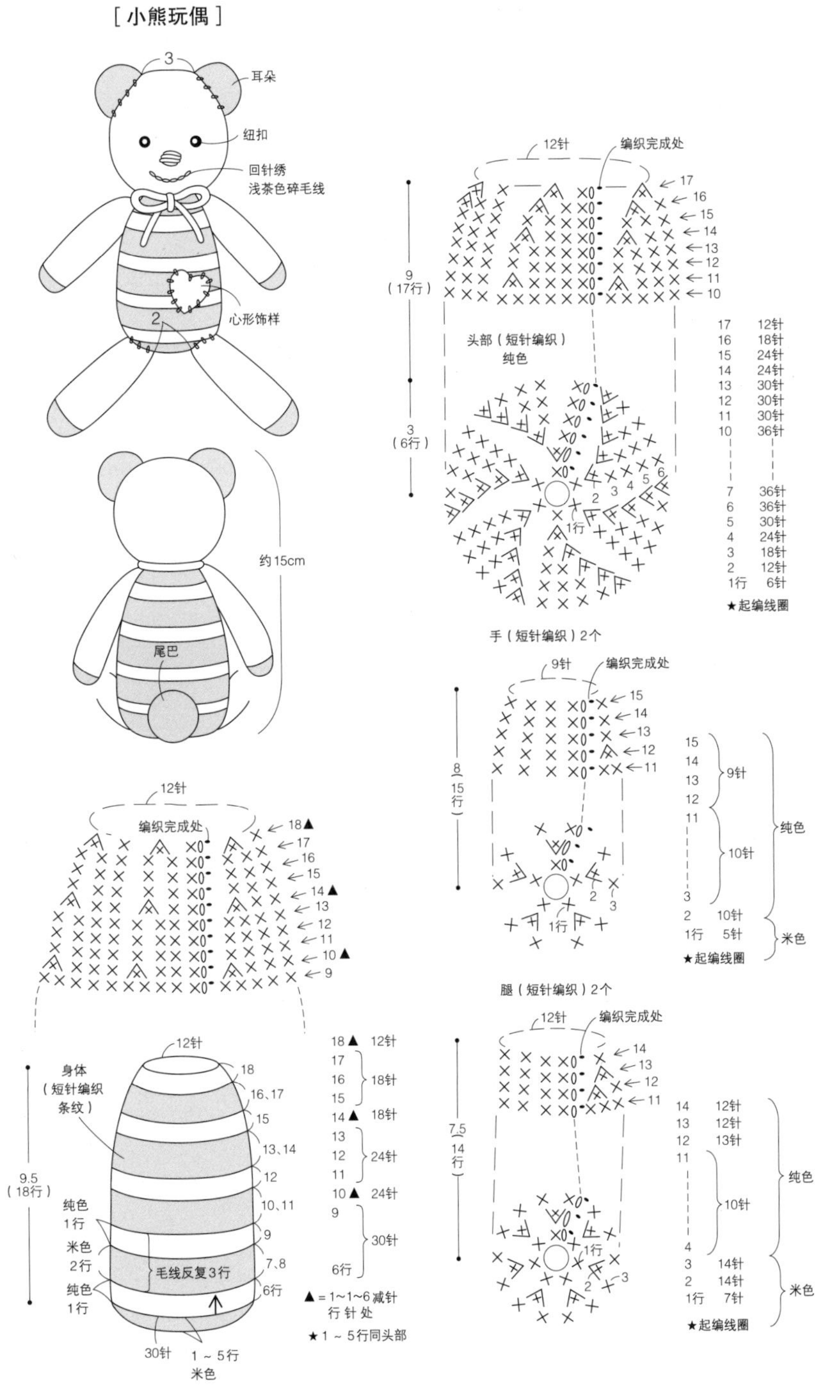

棒针编织的编织符号与编织方法

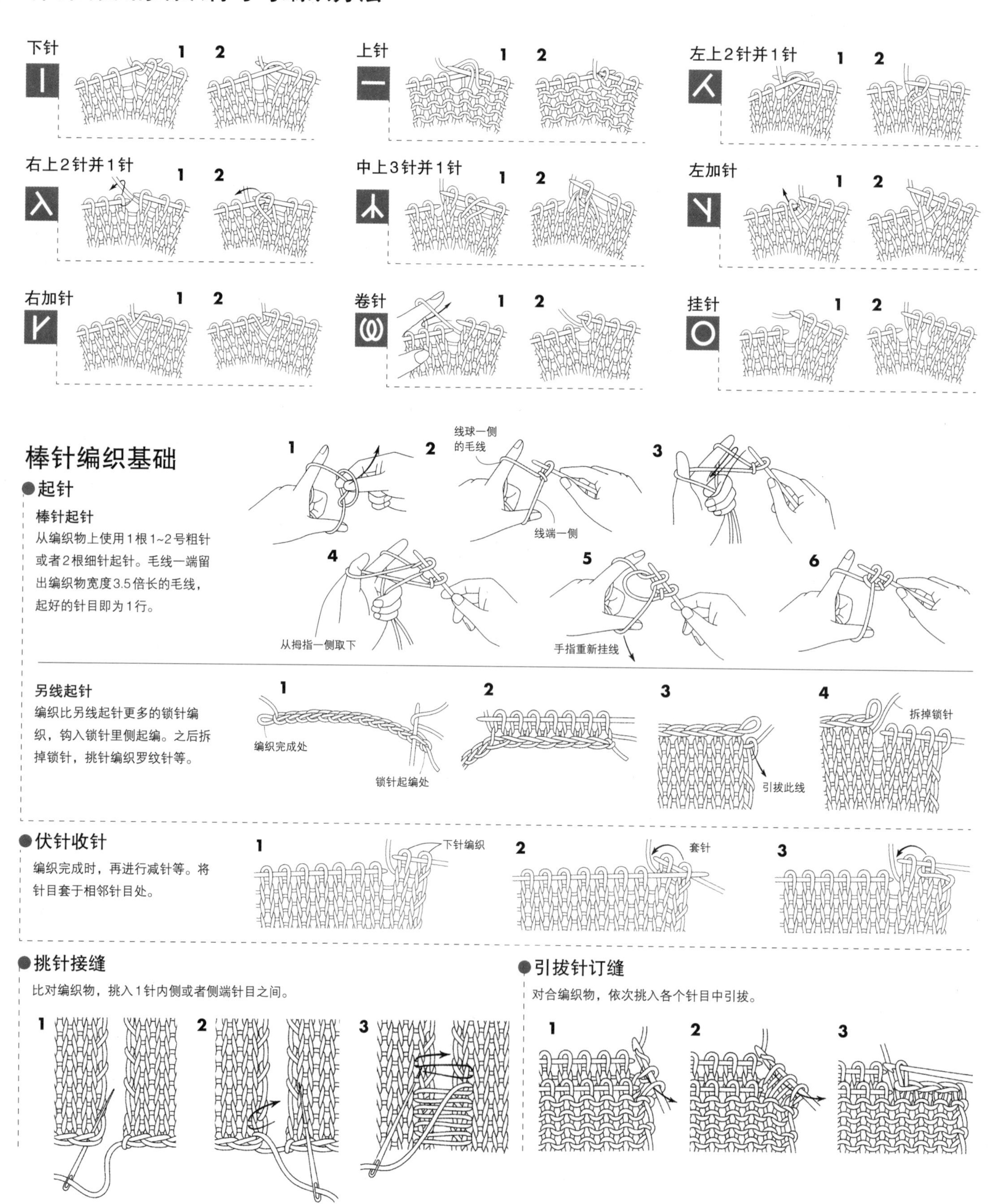

钩针编织的编织符号与编织方法

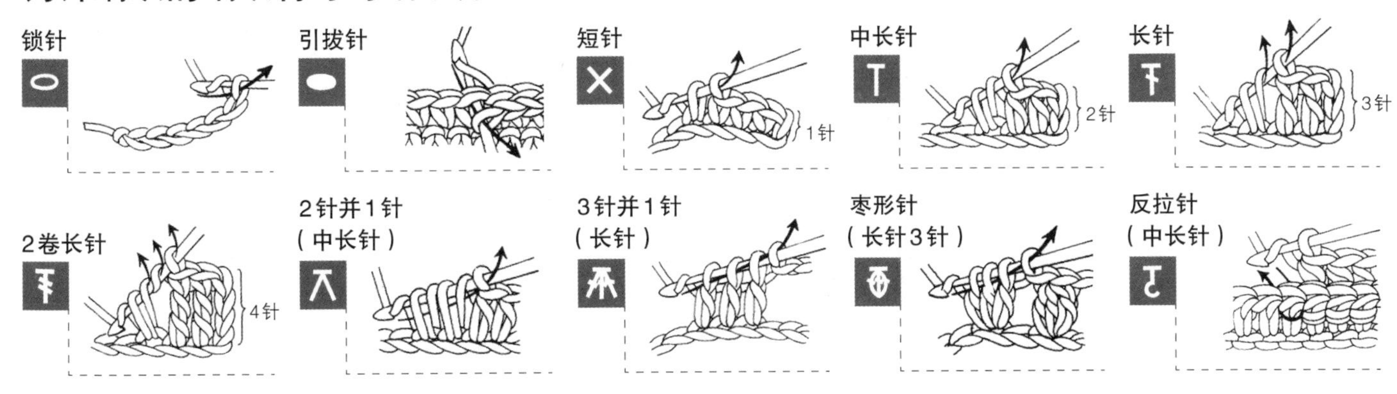

钩针编织基础

●线圈起针

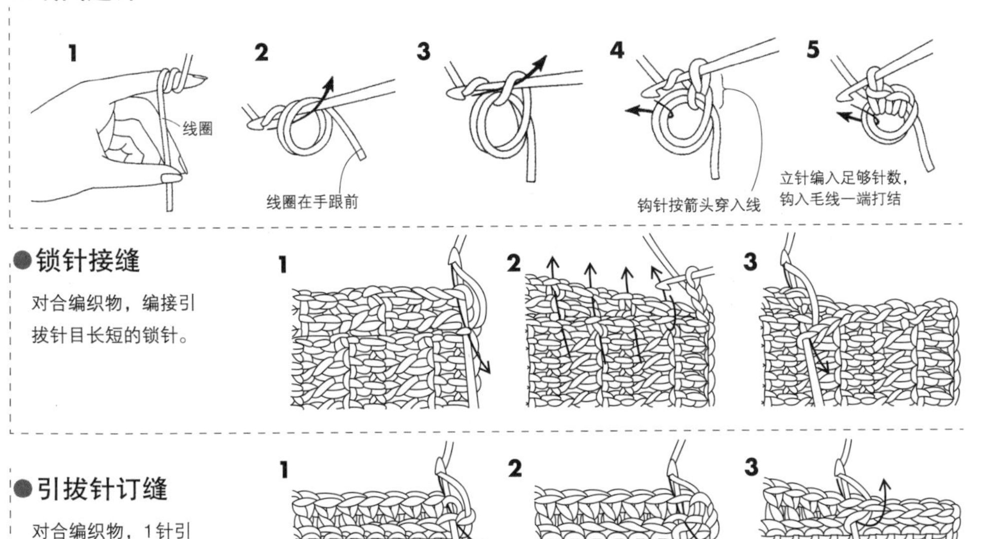

●锁针接缝

对合编织物，编接引拔针目长短的锁针。

●引拔针订缝

对合编织物，1针引拔半针或者挑入双股毛线每针引拔。

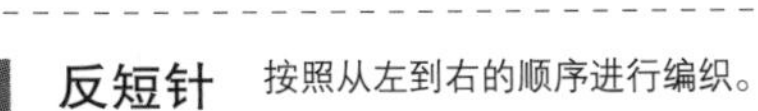

反短针

按照从左到右的顺序进行编织。

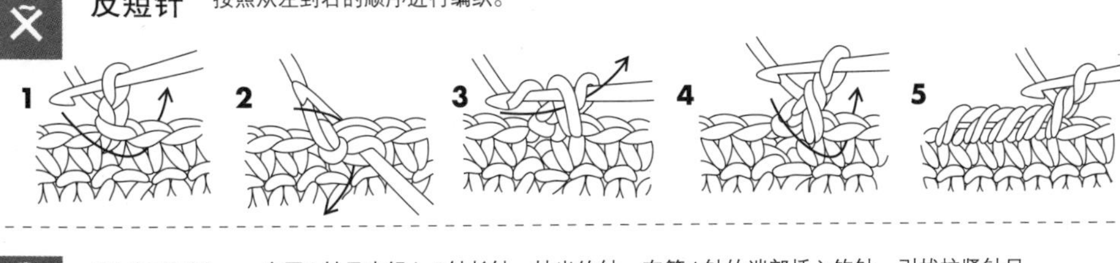

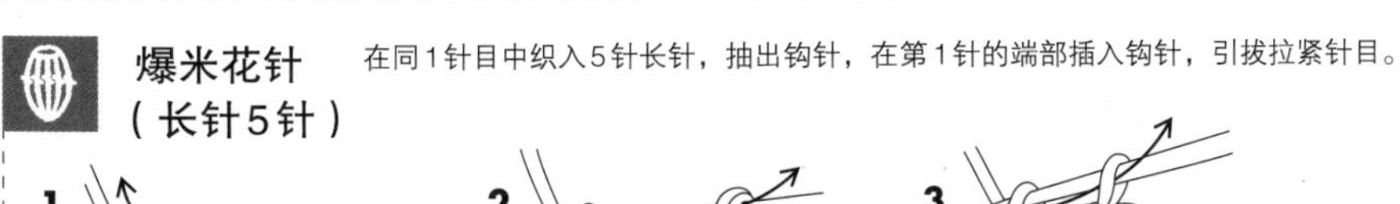

爆米花针（长针5针）

在同1针目中织入5针长针，抽出钩针，在第1针的端部插入钩针，引拔拉紧针目。

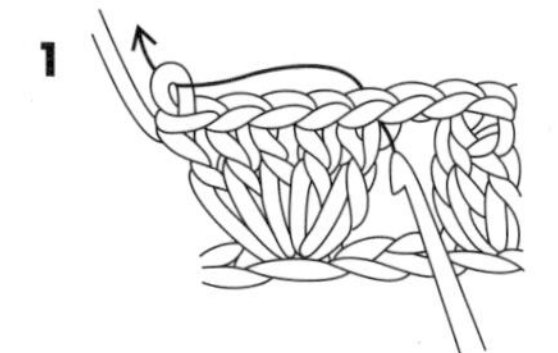

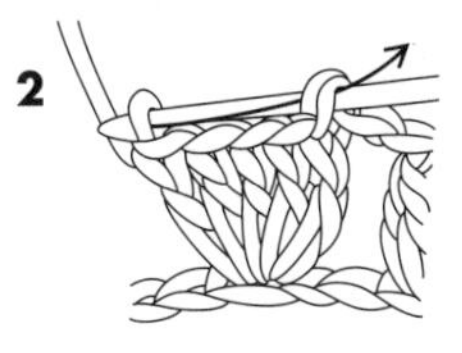

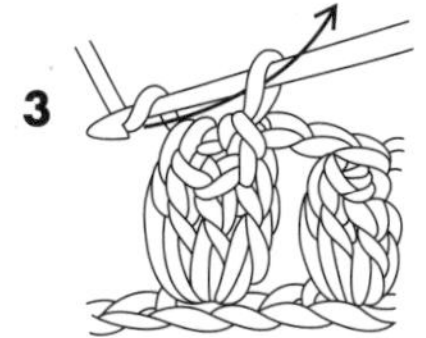

☆在回编行的爆米花针从对面插入钩针引拔

●花饰的编接方法

卷针订缝

比对摆好花饰挑针。

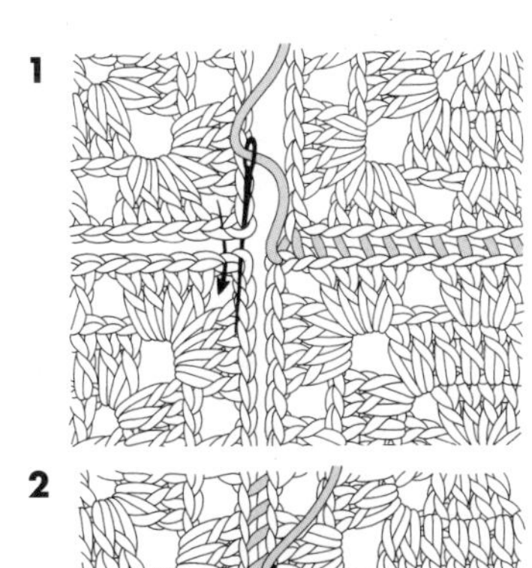

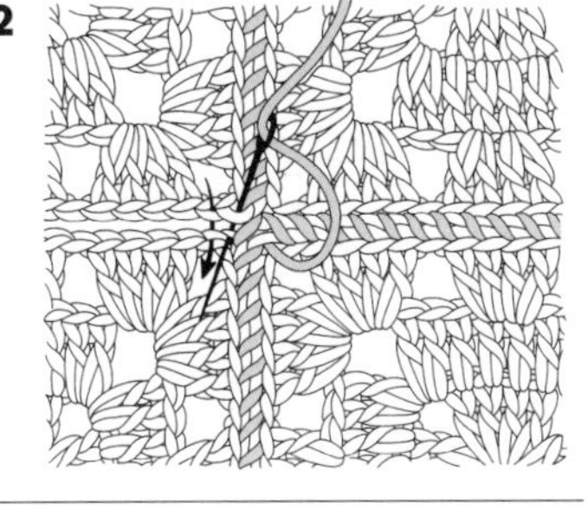

引拔编接

编织第1个花饰，编织第2个的最后1行时从上侧插入钩针，从锁针处引拔编接。

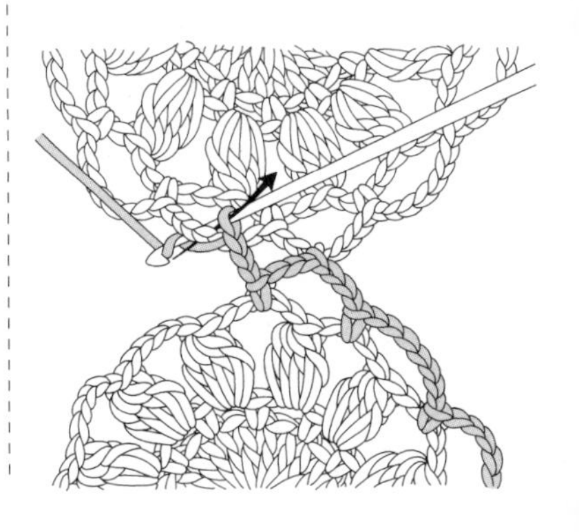

TITLE：［川路ゆみこのベビーニット 可愛いベストセレクション］
BY：［川路ゆみこ］

图书在版编目（CIP）数据

给孩子的小毛衣/（日）川路祐三子著；王岩译.
--北京：煤炭工业出版社，2017
ISBN 978-7-5020-6033-6

Ⅰ.①给… Ⅱ.①川… ②王… Ⅲ.①童服－毛衣－编织－图集 Ⅳ.①TS941.763.1－64

中国版本图书馆CIP数据核字(2017)第178838号

给孩子的小毛衣

著　者（日）川路祐三子　**译　者** 王　岩
策划制作 北京书锦缘咨询有限公司（www.booklink.com.cn）
总 策 划 陈　庆　**策　划** 李　伟
责任编辑 马明仁　**特约编辑** 郭浩亮
设计制作 王　青

出版发行 煤炭工业出版社（北京市朝阳区芍药居 35 号　100029）
电　话 010-84657898（总编室）
010-64018321（发行部）　010-84657880（读者服务部）
电子信箱 cciph612@126.com
网　址 www.cciph.com.cn
印　刷 天津市蓟县宏图印务有限公司
经　销 全国新华书店

开　本 889mm×1194mm 1/16　**印张** 6½　**字数** 49　千字
版　次 2017 年 10 月第 1 版　2017 年 10 月第 1 次印刷
社内编号 8913　**定价** 39.80 元